The Science of Thinking Smarter in the Office and at Home

Brain Rules for Work

John J. Medina

大腦
喜歡這樣
工作

《紐約時報》暢銷書作者、腦科學專家

約翰·麥迪納 —— 著

賴孟宗 —— 譯

順著大腦的習性，提升工作效率，
從此和憂鬱星期一說 BYE BYE～

大腦喜歡這樣工作

我們的大腦在文明中運作的時間還不夠久，無法擺脫冰河時期老祖宗們的習慣，它喜歡節能，甚至好逸惡勞。所以一天的工作安排最好能配合大腦的天性，它才會願意合作……

起床時，看看住家附近的綠地。最好可以出門跑步半小時或做森林浴。

9:00 a.m.

上班

最困難、最不想處理的工作，就放在大腦最有活力的時候執行。

10:30 a.m.

休息

每工作 90 分鐘，大腦就需要休息一下，最好可以到戶外綠地走走。

10:40 a.m.

開會

・請先建立統籌議程，事先閱讀討論內容。
・若是遠距會議，可採電話會議，關掉鏡頭。
・輪流發言，避免打斷他人說話。
・定時關心他人，確認彼此的認知一致。

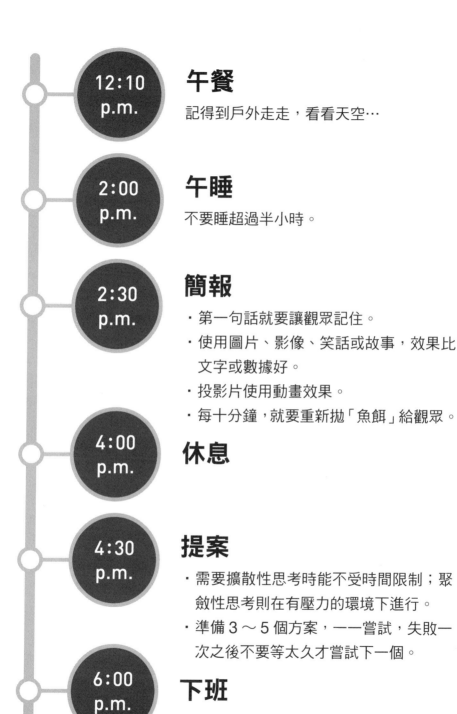

12:10 p.m.

午餐

記得到戶外走走，看看天空…

2:00 p.m.

午睡

不要睡超過半小時。

2:30 p.m.

簡報

· 第一句話就要讓觀眾記住。
· 使用圖片、影像、笑話或故事，效果比文字或數據好。
· 投影片使用動畫效果。
· 每十分鐘，就要重新拋「魚餌」給觀眾。

4:00 p.m.

休息

4:30 p.m.

提案

· 需要擴散性思考時能不受時間限制；聚斂性思考則在有壓力的環境下進行。
· 準備 3 ～ 5 個方案，一一嘗試，失敗一次之後不要等太久才嘗試下一個。

6:00 p.m.

下班

目錄

前言

我曾替一群上企業管理課的學生講一門課，我問他們：「為什麼會有五指手套？」

我等著看會不會有人想回答。但只有一些人笑了幾聲，露出困惑的表情。我只好自己回答：「人類發明五指手套，是因為雙手各有五根手指呀！」結果更多人笑出聲來，我敢說，他們感到更困惑了。畢竟他們來這邊，是要聽神經學家討論商業世界，也就是他們幾年後即將投入的世界。手套和手指之於工作環境或大腦，兩者間的關係到底是什麼？

我語氣低沉的開始認真解釋：「你看，大腦也有跟五根手指相對應的認知，因此這個器官的設計是在某些環境下高效的回應；但面對某些環境，又完全不會有生產力。」我認為，人體工學的原理適用於雙手，也可以適用於心理。我提醒大家：「如果要設計一個工作環境，盡可能的改善生產力，最好就要把大腦認知功能考慮在內。」

我接著進一步解釋，一般工作環境的設計，並未以五指手套的認知功能來考量。所以我請那堂課的學生想想看：**如果工作環境的設計能夠符合大腦運作方式，就跟手套根據五根手指來設計一樣，會怎麼樣？**如果以營利為目的的公司認真考量大腦功能，組織會變成什麼樣子？我們會如何設計管理架構？實際的工作環境看起來會是什麼樣子？哪種環境最能夠刺激創意、生產力，或是單單逼大家把事情做完？

本書目的在回答這類問題。我們會探索行為與認知神經學

的應用方式，看看這些方法如何提升工作生產力。不管你是在總部的一小角工作，還是在家工作都適用。就當作認知人體工學來練習吧。

但這本書跟一般的職場生產力的專書有點不同，這邊提到的每個概念都有達爾文的理論做為佐證。我們會運用他提出的演化概念，勾勒出本書想要解決的挑戰：我們的大腦實際上處於 21 世紀，卻還以為自己活在遠古的非洲塞倫蓋蒂，這時要如何跟大腦合作呢？大腦又軟又有彈性，重量約 1.4 公斤，很會解決問題。我們會在書中討論，大腦如何從獵殺乳齒象、採摘莓果，調整至學習主持員工會議、閱讀試算表等。

有時候，大腦會被迫配合。畢竟大腦在文明當中運作的時間不夠久，還無法突破更新世（Pleistocene）的枷鎖，當時大腦正在第一批現代人的頭顱中演化；但有時候大腦卻又願意遵守現代的生活方式。**要是如果我們夠了解腦內機制，好好與大腦合作，而不是對抗其天性，大腦就更願意配合。**我們會在書中以行為科學的角度，簡短的探討商業行為。

書中的討論會以十條大腦運行原則切入。這些原則源自於經過同儕審查的科學研究，條條都能夠應用於工作領域。某些原則適用於特定業務領域，像是招聘人員和簡報等；有些則適用範圍比較廣泛，像是工作環境設計、與同事相處等。我們會探討，為何線上會議這麼累人；也會看看可以怎麼布置辦公室，這點無論是在居家辦公室或公司，都能夠刺激生產力（提示：添加植物）。我們也會了解，為何大家升遷後，會比較有「性」致。我們會探討創意和團隊合作背後的認知神經學，發掘最有效率的簡報方式。最後我們再解釋，為何優秀、傳統的改變，

對於優秀、傳統的人來說如此的困難。習得這些知識後，我們會探索更聰明的工作方式，一針一線的設計出五指手套。

大腦的神奇之處

來看看一些我的背景資訊。我先介紹一下自己，也就是手套店負責人。

我是發展分子生物學家，研究興趣是精神疾病遺傳學。這個興趣以兩種方式在我的職涯中呈現：從科學的角度切入，我任教於華盛頓大學（生物工程學系）；從商業的角度看來，我是分析顧問，主要為私部門營利組織提供建議——所以我才受邀，向主修商管的學生講了剛剛提到的那堂課。

我很喜歡擷取腦科學的知識，然後應用於生活的各個面向，這就是我的工作。其實我為此寫了三本書，分別是《大腦當家》（*Brain Rules*）、《0～5歲寶寶大腦活力手冊》（*Brain Rules for Baby*）、《優雅老化的大腦守則：10個讓大腦保持健康和活力的關鍵原則》（*Brain Rules for Aging Well*）。大腦可以教導我們許多事物，我一直大感驚奇。為了詳細解釋它的迷人之處，我講課和寫書的一開始，一律先討論一個案例研究。這本書也一樣。

我們先來談談一個特別的人，他有一次特別的腦震盪經驗。傑森．帕吉特（Jason Padgett）在校成績中下，大學沒讀完，對於自己的二頭肌和鯔魚頭髮型比較有興趣。他很討厭數學，說自己喜歡美女，是派對咖。有一次跑趴時，傑森遭受暴力攻

擊，失去意識。他在急診室醒來，有腦震盪現象。醫師替他注射大量的止痛劑，然後讓他出院回家，之後他就變成另一個人了。

傑森醒來後，一開始看到人的輪廓，幾天後奇怪的事發生了，他開始畫出鉅細靡遺的數學圖形。他在休養期間的某天，到一家商場畫這些圖形，有個人走過來看他畫的圖，然後告訴傑森：「你好，我是物理學家。請問你畫的是什麼？」

物理學家聽完之後的回應顛覆了傑森的人生：「聽起來你說的是時間－空間，還有宇宙的離散結構。」

傑森瞠目結舌。這位陌生人咧嘴一笑，問：「你有沒有想過要上數學課？」

傑森最後採納那位物理學家的建議，發現一件驚人又有趣的事：派對咖傑森已經變成數學天才傑森了。他的數字超能力是畫出數學碎形，接著他很快就使用這個能力，學會各式各樣的數學知識。芬蘭的研究人員研究傑森的大腦，發現他以前無法通過代數課程，但因為腦部受傷，反而能夠完全使用之前無法使用的腦部區域。不過，腦部受傷還是帶來負面的影響：他罹患強迫症，隱居了好幾年。

傑森很特別，他被診斷有後天學者症候群（Acquired Savant Syndrome），正式出現在研究文獻中的大約有四十人，他就是其中一位。研究文獻提到的後天才能不只有數學能力，罹患相同病症的其他研究對象中，也有人突然會畫畫，會寫作，或對於機械特別擅長。我們不知道為何會出現這樣的改變。傑森認為，我們都有某些隱藏版的認知超能力，但前提是要找到使用方式。

這個說法有點牽強，但是可能還滿有趣的，我也因此對於大腦科學感到信服，好幾年來都沒有感到乏味過（順道一提，千萬不要輕易嘗試傑森的方法。要是受傷這麼嚴重，多數人醒來後不會變成愛因斯坦，有時候還醒不來）。

力量滿滿的大隻佬

了解科學家研究傑森等人的方式前，需要先約略了解大腦的運作方式。不管我們是不是天才，我們的生理傾向出乎意外，簡直惱人——**大腦很喜歡保存能量**。他們就像是爸媽一樣，一直嘮叨，要我們離開房間前先關燈。大腦會監控身體攝取的能量、耗費的能量；計算能量不足時，要如何補足。這樣的計算其實占掉大腦許多運算效能。有些科學家還認為，保存能量是大腦的主要功能。研究人員麗莎‧費爾德曼‧巴雷特（Lisa Feldman Barrett）這麼說：

> 你採取（或決定不採取）的每一個行動，都是經濟決策。大腦會猜測何時要耗費資源，何時要儲存。

大腦有充分的理由要擔心資源不足，因為他就是充滿能源的大隻佬，就像是 1.4 公斤的休旅車一樣，占了我們體重的 2%，但是用掉 20% 的能量。

聽起來很多，但 20% 的能量還不夠供應大腦運行。大腦有很多任務（你做簡報的時候，要記得，聽眾的腦袋其實很忙），會持續探索是否有捷徑，好解決工作量過載的問題。舉例來

說，大腦處理視覺看到的東西，會自動篩選其注意程度。因為眼睛每秒會向大腦展現一百億位元的資訊，但是大腦的能量編輯會干預這些資訊，等資訊到達大腦後方（也就是你實際能看到東西的部位），每秒呈現的位元會縮減到剩下每秒一萬位元。

大腦很擔心能量不足，所以會時時刻刻評估存活所需之能量，但它的預測能力並不限於預測所需的能量。它的預測能力運用在其他領域中，可以從預測人們的意圖，到找出引導他們的最佳方法——這些對於有興趣成為商業經理或高階主管的人來說，可能非常有用。

甜蜜瓦數

究竟哪些能源是大腦能夠使用的呢？大腦又會把能源用到哪裡？

第一個問題的答案，愛吃甜的人都知道。大腦主要消耗糖分（葡萄糖），每天消耗量超過 113 克。第二個問題的答案則跟一個字有關：電。大腦會把糖分轉換成電能，以利完成任務，其中包括把資訊從一個區域，傳遞到另一個區域。

要聽到這些電力訊號，只要在頭皮上放置幾個電極就可以了。有很多訊號可以聽，就算是你以為大腦在休息時，還是有很多訊號。畢竟大腦要維持許多重要機能，像是心跳、呼吸，這兩者都需要消耗能量。

大腦需要多少能量？史丹佛的科學家估計，如果一個機器人能夠完成一般大腦靜止時的所有任務，需要十兆瓦的能源，大約是一個小水壩的發電量。但大腦執行這些任務時，只用

十二瓦的能量，十二瓦只夠點亮一盞小燈泡。難怪大腦很在乎能量是否充足！

我們的大腦要如何時時充滿能量，又要達成能源效率？想知道答案，就要稍微了解一下人類的演化史。本書每章的開頭，都會複習一下這段歷史。

我們會發現，一開始大腦的耗能並不是十二瓦。一開始的能量低很多，幾乎就跟靈長類的腦一樣；現在靈長類的後代，還能在中非的叢林中看到。

我也發現，600 萬到 900 萬年前，我們人類開始與類人猿的姐妹分化，原因久遠而不可考。我們摒棄用四肢行走的習慣，選擇危險很多的雙腳行走方式，導致我們需要時時前後移動身體重心，好配合雙腿的移動。這樣子的演化方式可能會帶來很大的危險，因為我們的頭重腳輕。大腦非常重要，也非常脆弱，位於顱骨中（占了體重的 8％），就在離地最遠的地方。人類要維持平衡，才能夠活得下去。有些研究人員相信，這個改變導致腦部功能的要求大幅增加，所以我們才成為地球上認知能力數一數二的生物。我們的大腦愈長愈大，愈來愈複雜，需要的能量也愈來愈多。

這個演化故事和時間軸有很大的爭議，就跟類人古生物學的所有資訊一樣。其實科學家只同意一件事，就是有段時間人類能不能站著一點也不重要。300 萬年前，當我們人類只學會用碎石頭敲打東西，事情就從此改變了。

第一次合作

200多萬年前，許多地理事件同時發生，導致地球氣候大幅變化，整體氣溫下降。類人的家園、也就是潮溼的非洲叢林乾涸。原本很穩定的氣候，變得非常不穩定。非洲愈來愈乾燥，形成愈來愈廣大的撒哈拉沙漠，沙漠範圍到現在都還在擴張中。

乾燥對於當時的人類來說，可能會造成災難。當時的人多數活在潮溼、多雨的氣候中，相對容易存活。一旦情況變得比較艱難，沒辦法隨手從樹上採摘食物，從鄰近的小溪中取水，只得從仰賴森林，變成仰賴草地。即使環境從溼潤轉為乾燥，我們的祖先還是倖存下來了，遊蕩在較乾燥的環境中，也就是非洲莽原，方法就是開始採集漁獵。要過上這種生活，就需要達成某些要求，這也從此顛覆了我們。

雨林雜貨店關門大吉，我們就只能愈走愈遠，才能找到食物和水源。如此的改變，對正在發展又耗費能量的大腦而言，產生莫大壓力。我們真的需要：① 記住以前的情況；② 決定未來發展目標；③ 從現況向未來目標前進。毫不意外的，涉及記憶形成的腦部區域（海馬迴），也協助我們在平緩的地球表面上找到路徑。

由於氣候變遷的關係，我們不只要依靠周遭實體環境，還要仰賴社會關係，才搞得清楚路徑。也就是說，一定要能夠快速合作，才能夠在莽原上生存。為什麼會有生存問題？跟其他體型相差不遠的掠食者相比，以前（和現在）的人類體能和體力都非常弱，犬齒又小又鈍，連吃塊過熟的牛排都很困難。我們的指甲（爪子）甚至連塑膠包裝都割不開。

這些缺陷替我們創造演化的選擇——如果遵循體型升級計畫，體型可以增大，變成跟大象一樣大；但要演化出巨大的身軀，得花上好久好久的時間。另一方面，我們可以選擇變得更聰明，改變神經迴路，加強已經愈來愈好的技能，也就是社交技能。這樣的改變所需的時間，跟變成大象的體型相比，時間短很多，又有同樣的效果。如此一來，就形塑出「同盟」的概念，其實也就是生物質量不需要加倍，但卻能達到加倍的效果。

上新世原始人的平均身高，據估計為 160 公分（約 63 英吋），所以你就可以猜出，當時的人類祖先選擇了哪一條演化路徑。

巨型合作

結果顯示，合作是很有幫助的設計，有助於完成獨自無法完成的任務，就跟現在常遇到的狀況一樣。有一些很棒的例子，能夠闡釋一群 160 公分左右的人如果好好學習的話，能夠做完成什麼任務。舉例來說，他們很會做陷阱。

墨西哥市幾公里以外的地方，有一些可怕的坑洞。有一群建築工人準備要挖掩埋場時，發現這些坑洞。他們同時發現了上百塊猛獁象的骨頭，全部在兩個洞中，從遺骸看來，這些猛獁象都並非自然死亡。總共有十四隻猛獁象，還有一些駱駝和馬匹的遺骸。雖然除了這些陷阱以外，還有其他史前陷阱，但這個陷阱非常特別，裡面的動物遭到屠殺、肢解、剝皮、獻祭。有一隻動物的骨頭排列方式尤其特別，研究人員稱之為「象徵性編列」——每隻猛獁象的左肩都不見了，只有右肩讓研究人

員研究。所有猛獁象的頭都被翻了過來。

研究人員猜測，遠古獵人挖出這些奇怪的坑洞，當中填滿泥巴，然後把動物趕進坑洞中，好用長矛把他們刺死。坑洞至少有 1.8 公尺深、24 公尺長，絕對夠大。除了這兩個坑洞以外，還有跡象顯示，旁邊另有一系列的坑洞，顯示這是一個產業級別的大型屠宰場。

重點是什麼呢？成年的猛獁象肩膀寬度約為 3.4 公尺長，重約 7258 公斤。160 公分的人類絕對無法獨自殺死一隻猛獁象，而且要注意，洞裡有十四具遺骸。古代人以漁獵採集維生，他們要建立許多猛獁象屠宰場，就必須相互協調。確實，墨西哥市的各個遺址中，從挖坑洞到切下肉塊進行儀式，幾乎都可以看到合作的跡象。

這個故事的某些面向還有爭議，顯然還會有更多人繼續投入研究。但有一件事情沒有爭議，就是我們這樣 160 公分的生物，演化成為石器時代最厲害的掠食者。

連結

時間快轉到幾百萬年後。我們現在知道，大腦是演化打造出的厲害工具，解決問題的能力數一數二。但大腦到底在做什麼？有什麼奇怪的地方？它的能量用到哪邊去了？我們研究這個不可思議的大腦，到底發現了什麼？我們來了解一些基本的大腦生物學。

過了好幾百年後，我們才發現，大腦盤根錯節，執行很重要的任務。畢竟大腦就靜靜的待在那邊，跟心臟（會跳動）和

和肺臟（會發出聲音）不同。所以多數早期的研究，都只是無聊的畫圖練習。早期的神經解剖學家剖開顱骨後，就替看到的部位命名。有許多腦部結構是依照大家熟悉的事物命名，跟大腦一點關係都沒有。像是，「皮層」（cortex）原意就是樹皮，大概是因為大腦的薄「皮」，讓神經解剖學家聯想樹木的某部分。「視丘」（thalamus）原文意思是房間，大概是因為有人覺得這個結構看起來像房間（但其實一點都不像）。「杏仁核」（amygdala）是希臘語中的杏仁，因為它形狀看起來像杏仁這種硬殼核果。甚至還有一對圓圓的結構叫「乳頭體」（mammillary body），會叫這個名字，據說是因為神經製圖學家看到後，聯想到了太太的乳房。

早期的研究人員相信，這些區域高度分化，每個結構都負責自己的任務——這個想法部分正確，但是現在，腦部運作機制研究顯示，腦部結構與功能更細緻、更動態。我們現在知道，大腦不是一團名字亂取、功能單一的區域，而是上百個廣泛動態連結的網路，組成最複雜的路徑圖。大腦內部有一大團神經細胞，你可以想像成是不同的城市，有一些跟原本的取名相應。這些城市由數萬公里的神經「道路」串連起來，大約有八十多萬公里的神經道路塞在你的顱腔中，顱腔卻沒比哈密瓜大多少，這個長度甚至是美國高速公路總長的三倍多。

當然，這些網路不是用硬化的柏油鋪成的，而是軟綿綿的細胞。大腦中有許多種類的細胞，最有名的叫作神經元。一般的神經元像是枝嚇壞的拖把，毛毛的拖把頭向外延伸，連在一條長長的枝幹上——你的腦袋裡，大約有 8 千 6 百顆這種奇形怪狀的細胞。

要在大腦網路中組成一條條的電纜，這些拖把會以「端到端」的方式排列，中間隔著小小的空間，叫做突觸，一般的神經元會有數千個突觸。這些神經道路連結的方式十分精密，一個頭顱大小的腦袋，看起來就像是杜鵑花屬植物的根團。

迴路設定

要搞清楚這盤根錯節的大腦，很不容易，很多聰明的人設法想要弄清楚，但就算他們耗費心力，投入的預算相當於聯邦債務規模，現在還是無法確認大腦迴路的確切結構。我們把這個迴路地圖叫做「結構連結組」（structural connectomes）。結構還不是最難理解的，更難理解的是其功能，或是特定迴路協力提供的服務，稱做「功能連結組」（functional connectomes）。這個地圖難以確定的其中一個原因，是大腦具有某種令人惱人的慷慨。意思是，大腦為其內部迴路提供許多神經的「運用機會」。

某些迴路的職責很固定，編制就是這樣，在每個人的大腦內功能都一樣。舉例來說，你的大腦左側有兩個特定的區域，分別叫做「布洛卡氏區」（Broca's）和「威尼克氏區」（Wernicke's），這兩個區域負責人類的語言功能。布洛卡氏區只要受到破壞，那個人就會沒辦法說話（例如：布洛卡氏區失語症），但一般來說還是能夠了解語言與文字；要是威尼克氏區受傷（造成威尼克氏失語症），情況就會相反，這個人會無法了解語言與文字，但還是有辦法說話。十分驚人。

如此固定的迴路非常特別，不只是語言有這個現象。在學

界，有一個案例叫做 RFS，他因為生病，所以沒辦法有意識的理解數字，這個情況非常奇怪。如果他的大腦偵測到一個數字，他眼中看到的數字會是扭曲顛倒的樣子，變成混亂的斑點；但是他如果看的是字母，卻不會發生這樣的情形，他能夠感知、閱讀、書寫數字，講話也沒有任何問題。問題出在他負責處理數字的神經迴路受損，而這個迴路與處理其他視覺輸入的部位不同。

這是一種加了類固醇的超級專注力。但這樣固定的特性，只出現在某些迴路中而已，有許多迴路都與通用的人類模板設計不同。有些迴路會呈現個別設定模式，只適用於你，就跟指紋一樣。換句話說，每個人的大腦設定都獨一無二。所以要繪製大腦結構，找出相應的功能，非常耗時。歸納出每個人都有的迴路，還有獨一無二的迴路，就已經讓神經學家挫折了好幾十年。

可塑性

大腦能夠持續改變迴路，導致繪製腦部結構更加困難。這個現象聽起來很奇怪，但其實很常見：你在讀這句話時，大腦迴路就在改變。只要學到新的東西，大腦迴路就會改變；每次處理新的資訊，神經元間的物理連結就會改變，有時候會長出新的連結，有時候會改變原本的電氣關係，這個特點叫做「神經重塑性」（neural plasticity）。肯德爾（Erik Kandel）獲頒諾貝爾獎的原因之一，就是發現這個現象。多數時候，大腦的設定就是要避免僵固不變。

你知道這代表什麼嗎？你選擇接觸的東西，會大幅影響大腦運作的方式。這又會大幅影響你與壓力之間的關係，以及生活中創意的多寡。這點我們之後會稍微討論一下。

大腦的自我重塑能力非常驚人，我們來看一個案例。一名六歲的男孩罹患很嚴重的癲癇。為了要拯救他的性命，外科醫師必須要移除他半邊的大腦（大腦半球切除術）。在這個案例中，他們移除了左半邊的大腦，但布洛卡氏區和韋尼克氏區的語言中心就在這側的大腦。你可能會以為，大量移除功能這麼特定的神經組織，該名小男孩這輩子就會無法說話，或無法了解其他人說的話。

但事實卻不是這樣！兩年後，他右半邊的大腦就開始執行左半邊的功能，其中包括產出與了解語言。當時他年僅八歲，語言能力「奇蹟似的」恢復了！

這意思是，大腦的重塑能力很強，能夠偵測到不足之處，把自己變成暫時的神經工廠，然後自我修復，是這樣嗎？在這名男孩的案例中，沒錯，就是這樣。而且也不是只有他一個人這樣，文獻中還有許多修復紀錄，各個都不可思議。舉例來說，約翰霍普金斯的神經學家弗利曼（John Freeman），他的研究如下：

接受大腦半球切除術時，年紀愈小，說話能力受影響的程度就愈小。右半邊負責語言的部分轉移到哪個地方，取代了什麼，仍舊沒有人知道。

這只是一些挑戰而已，研究人員想要建立完整的連結組地

圖，還遇到很多困難，大概還要好幾年才能達成目標。然而，我們對大腦的運作方式並不完全無知。和我相同領域的研究人員選擇專攻一小部分，使用「分治」策略的科學研究方法。關於這個方法如何運作、改變事物的方式，等一下就會揭曉。

以前我們把研究分成三個領域，第一個領域的研究人員從分子層級切入，研究 DNA 片段對於大腦功能的影響。第二個領域的研究人員從細胞層級切入，研究前幾頁討論的恐懼小拖把；這些細胞會一一經過檢視，或是一起檢視，也就是以細胞網路型態來檢視。第三個領域的人，則從行為層級切入，研究大腦功能，這個領域屬於實驗與社會心理學。本書每一章都會提到他們的努力成果。

區分分子、細胞、行為領域的界線，已經日益模糊，許多研究人員積極在不同領域中找尋解答。我們甚至有一個比較籠統的名詞，來概括這些領域——認知神經學。這個詞縱貫整本書。該領域的研究人員，熱衷於串連生物學流程與相應行為。目前為止，最混亂的研究就是行為研究，但這類研究值得特別注意。

懷疑論和火爆指數

我的科學職業生涯，常常需要與商務人士討論人類行為的相關議題。我們通常最後會討論，要如何帶著健康的懷疑態度，看待大腦的研究。我是好人，但也是分子生物學家，對於精神病症有興趣，但對於針對人類行為複雜程度的研究說明（或沒說明的東西），我看了就很容易發火。這些研究中，有許多亂

七八糟的東西，特別是在自助建議的領域中，更是有許多胡說八道。有位客戶稱之為「麥迪納發火指數」。但這只是意味著我分享的事實皆有憑有據，由同儕審查的研究支持，而且往往重現過好多次。我就跟其他多數的科學家一樣。

同樣的發火過濾器也套用到本書的資訊上，但是為了要讓書好讀，我決定不直接把參考文獻嵌入內文中，但你當然可以自己查閱。我鼓勵你查閱本書中提到的各項研究，它們詳列於參考文獻網頁：brainrules.net/references。

我怎麼教這些商務人士將大腦研究應用到商業上呢？我了解到，要打造自己的職涯，無法只對常見迷思比中指而已。我請他們記得四個問題：

問題一：這個領域還不成熟

研究才剛起步，我們了解基本的大腦功能而已。過了這麼多年，我們還是不知道，你的大腦如何知道要怎麼簽名、記得在下午三點接小孩。可能還要好長的一段時間，神經學才能夠告訴我們偉大領袖與泊車小弟的特質有何區別。

問題二：有很多結果很難重現

人類行為是一團混亂，連帶有時候研究結果也一樣混亂。幾年前一項令人不悅的發現，造成行為科學界的動盪：我們不一定能夠重現實驗心理學中某些特定的結果。維吉尼亞大學的研究人員諾塞克（Brian Nosek）成立一項可重複性計畫，希望能夠重現某些有名的行為研究結果。但他與同事發現，只有50％的實驗心理學研究結果，能夠順利（且獨立）的重現。

發現這點當然是件好事，只不過震驚了整個研究領域。有許多科學家不厭其煩，再次審視之前的研究成果，找尋證據，適時修正結論。但這麼做，確實讓人感到很挫折。我們已經了解一丁點大腦功能了，但某些就算我們認為是不變的結果，就算是鐵律，仍必須重新審視。

問題三：行為的來源很複雜

　　你可能聽過先天或後天造成的老掉牙爭論。好幾年來，兩邊各自有簇擁的派系。其中一派認為，行為主要源自於遺傳（天生），另一派則認為來自於非遺傳（後天）。

　　兩派研究人員已經和談了，他們接受每個人類的行為，幾乎都有天生和後天的元素。科學家孜孜矻矻的在分子、細胞、行為領域研究，了解這個事實後，再做了更多研究，提供許多真知灼見，穿越隔閡。他們往往也參與跨領域專案。我跟客戶說，他們想到的每個行為，幾乎每個都有天生和後天的元素。但謎題是：兩個元素各自影響有多大。

問題四：水晶球本來就有問題

　　最後一個疑慮，與我最近對客戶說的內容有關。這本書大部分內容在 2020 年到 2021 年間寫成，幾乎橫跨整個 COVID-19 疫情期間。這段期間全球商業岌岌可危，像是被看不見的敵人痛毆，這樣的情境讓人揪心。許多領域的研究人員還在評估傷害，大概得評估個好幾年，他們正在檢視病毒造成的社會和經濟動盪，以及其長期影響。由於疫情才剛發生，其影響的確切證據極其稀少。所以我警告客戶，不要過度仰賴觀

察行為的水晶球，來預測疫情後的工作情形。

要說預測很危險，最好的例子，或許就是試著達成所謂的「工作與生活平衡」，這個議題會在後面討論（爆雷警告：有些人認為病毒就此改變世界，但我不這麼肯定）。社會學家最後會了解這個影響，我們也會。但是詳細資訊會在本書出版後好幾年，才會出現在刊物上。先跟大家說，這本書不會預測未來，我們會重新想像未來的景象。

總括來說，就算有很多不正確的資訊會讓我發火，我絕對還是認為，認知神經學很適合套用在商業世界中。本書的建議皆有證據支持，值得審視，你可以親自試試看。這樣的作法有助於闡明，如果將認知的五指手套套用到實際業務上，情況會變得如何。

1 大腦喜歡團隊合作

大腦這樣想：

喜歡團隊合作的天性，
源自於人對食物與被保護的需求。

　　我原本打算在這章一開始引用漫畫家史考特・亞當斯（Scott Adams）的一句話。他畫的呆伯特（Dilbert）是名倒霉的職員，這部作品刊登於報紙的漫畫版。在亞當斯的漫畫中，老闆跟呆伯特和他的團隊開會，討論一些成功和失敗的任務。當宣布團隊的績效並不好後，呆伯特的老闆說：「我只帶了一個團隊績優馬克杯過來，所以你們要輪流使用。」

　　我覺得應該用其他方式揭開本章序幕，我要先講《小鹿斑比遇見哥吉拉》（*Bambi Meets Godzilla*）這部動畫。

　　《小鹿斑比遇見哥吉拉》開場就是很長的工作人員表。小鹿斑比心滿意足的吃著地上的草，背景是輕柔的鄉村音樂。如詩如畫的場景播放一分鐘後，畫面出現哥吉拉長滿鱗片的大腳，一腳踩扁小鹿斑比──在這個暴力的鏡頭之後，就出現「結束」二字。工作人員名單很快的又再次出現，播出感謝東京協助「取得哥吉拉拍攝本片」的字串後，畫面就變暗了。

　　為什麼一開始要講哥吉拉，而不是呆伯特呢？因為有些工作上需要跟人實體互動的人，也遇到一隻突如其來的大腳，把

2020 年的工作概念給踩扁了——這隻大腳就是冠狀病毒。

眼見這場動盪，有人可以斬釘截鐵的說，團隊合作要怎樣做才有效嗎？認知神經學領域是否有足夠的元素能夠納入討論呢？

答案很棒，有的，至少行為科學可以納入討論。原因很簡單：達爾文比冠狀病毒更厲害。團隊合作的動力和社會協作，可以促進疫情前後的業務開展，這種情形早在四萬年前就可以看到了。當時，互動協作滿足了人類兩項演化的需求：糧食需求和被保護的需求。無法團隊合作的話，就無法在非洲塞倫蓋蒂艱困的平原上存活。如果公司人數大於兩人，不合作的話，也沒辦法在艱困的董事會議室當中存活（該死的病毒）。

在疫情前，實體的業務合作已經漸漸成為常態。從夫妻經營的小店舖，到規模巨大的跨國企業，都一樣。2016 年，《哈佛商業評論》刊登一項研究，檢視各家公司的行為習慣，發現「經理人和員工合作的時數至少增加 50%」，還發現某些工作中，「有 75% 的日常業務活動，都必須與人互動」。

就算是科學研究，也受到了影響。我剛開始做研究時，偶爾會看到由單一作者撰寫的論文，但現在幾乎完全看不到了。1955 年，只有 18% 的社會科學論文由團隊撰寫而成；但到了 2000 年，這個比例就增加到 52%。大約在 1960 年發表的生態學期刊，有 60% 的文章只有一位作者；但過去十年間，這個比例則掉到 4%。

然而，古老的團隊合作概念，套用到當代的作法，並無法保證團隊合作一定優於單打獨鬥。我們都有參與過一些團隊專案，當時會覺得自己做還比較好，最好不要有其他人插手。但

根據統計顯示，團隊的生產力較高，所以在疫情前，團隊合作模式開始盛行。等到我們慢慢爬出病毒的陰影，團隊合作模式還會繼續成長。

優秀與差勁的團隊有什麼不同？雖然說，各公司的情形不同，但研究顯示，生產力高的團隊跟生產力低的團隊相比，確實有不同的特質。我們之後會從行為科學到生物化學來解釋這項研究。我們會發現，等我們慢慢擺脫隔離後，建立有效的團隊，其實並不困難。但要注意，我沒有說「很簡單」。

要不要團隊合作

首先，問幾個問題：團隊合作的效能到底有多高？真的能夠提升生產力嗎？讓我們看看，在最不經意的地方，也就是餐廳的餐桌旁與同事相處時會發生什麼事。

亞利桑那州立大學的研究指出，在十二人大桌吃午餐的員工，跟在四人座位子上吃午餐的員工相比，生產力更高。魏柏（Ben Waber）任職於麻省理工學院的知名媒體實驗室，他猜測，這個結果「原因是有更多機會能夠互相交談，而且社交網路也更大」。**看來隨意互動好像能夠提高生產力。**魏柏發現，公司的環境如果讓人容易相遇或互動，像是安排「全公司午餐和Google 喜歡的咖啡廳等政策，最多能夠將生產力提高 25%」。

這個數字很高，但隨意互動並不完全等於團隊生產力。幸運的是，團體解決問題的能力比單槍匹馬來得好，支持這個論點的研究多得嚇人。**團體比較有創意，比較能夠找到問題，比較聰明。**鼓勵員工團隊合作的話，獲利會提升，而且根據一項

研究顯示，員工們好像也同意這一點。若問到公司獲利能力最大的影響因素，有 56% 的受訪者表示，就是合作。COVID-19 疫情造成如此嚴重的商業衝擊，其中一個原因就是防疫所需之自我隔離。

儘管獲利數字算出來比較好看，卻不是每個人都跟麻省理工學院或 Google 一樣喜歡團隊合作。有一位知名的反對人士名叫理查·馬克漢姆（J. Richard Markham），他是心理學家，在哈佛大學教書，他研究群體互動很久了。他發現，多數團體合作其實並不融洽。內鬥（邀功）、工作分配不均（有些成員一肩扛起工作）、目標不明確（對於需達成的目標沒有共識）等，這些都抹除團隊合作該有的好處。馬克漢姆接受《哈佛商業評論》訪問時說：「建立團隊時，確實可能會有奇蹟發生，這點我同意……但別太期待。研究一再指出，就算享有額外資源，團隊績效還是很低落。」

馬克漢姆並未完全反對團隊合作。在同一場訪問中，他不經意的指出一條明路。**他說，團隊合作不成功，主要的原因是成員互不信任。**

好在，我們可以測量成員間的信任度；而且我們可以找到老鼠屎，運用指標評估優秀團隊的成就。能夠用的指標有很多，從行為指標到生化指標都有。比如說，我們會提到一個很小的分子，發現這個分子的人，多虧了團隊合作才贏得諾貝爾獎。

亞里斯多德的智慧

研究人員發現，人類跟其他非社交的生物相比，為何可以

「合作」得如此成功？他們找到能夠滲入人類大腦中最友善的分子，也就是催產素。

催產素有很多功用，其中一個會改變行為模式，就是能夠讓人產生信任感。在某項實驗中，受試者拿到催產素鼻噴劑，吸入之後，就比較有可能把錢託付給陌生人。研究人員把這個傾向稱為「增強社會學習」（enhanced social learning）。

該研究的主要研究人員探討信任感和催產素之間的關係，碰巧也得到「年度最性感的人」獎項。科學家很少人能得到這種獎項，也因此一有人得獎，我們就會特別注意。這位贏得「2005 年十大性感書呆子」頭銜的男神，是南加州大學的保羅‧扎克（Paul Zack）。他不只因為外貌而獲得殊榮，同時也是研究催產素和行為的權威。

扎克的研究結果支持麻省理工學院的看法，認為團體合作能夠解決問題，但也承認馬克漢姆所說：「不，不是這樣的。」兩方都可以看看扎克最有趣的催產素研究。他發現，催產素和人際壓力間的關係，也就是壓力會抑制催產素分泌。如果沒有催產素，就比較難以互相信任，也因此壓力往往會戕害人際關係。這個發現解釋，為何有些團隊能夠順利合作，有些團隊卻直接翻船。

說到這裡，可以來談 Google 的亞里斯多德專案（Cue Project Aristotle），它的目標就是要測試扎克的生化發現，恰巧也證實馬克漢姆反對團隊合作的原因。

Google 知名的人才數據（People Analytics）部所推出的亞里斯多德專案，要求公司自我反思。他們從內部角度出發，看看是什麼使 Google 的失靈部門與生產力最高的超級團隊有所區

別。結果發現，最大的差別是心理安全，這正好是扎克感興趣的題目。為什麼呢？這就說到了「信任」。

人人能夠安全「承擔人際風險」的情緒氛圍，是 Google 超級團隊中最重要的條件。其他條件當然也很重要，無論準時或是具備共同信念的目標，這些都很重要。然而，都比不上團隊成員間的信任感。

其他研究人員也持續發現同樣的結果。最詳細的研究或許來自於安妮塔・伍萊（Anita Woolley），她當時在麻省理工學院任職。就跟亞里斯多德專案的團隊一樣，伍萊很想要了解聰明、生產力高的團隊，到底為什麼既聰明、生產力又高。是不是有能夠量化的群體智慧呢？這個智慧又不同於個人智力？是不是有大家聚在一起，就自然而然出現的神祕力量呢？一加一是否大於二呢？你可能知道，亞里斯多德之所以有名，就是因為他很愛問這類問題。

我不知道 Google 知不知道這點。

群體因子的三元素

要回答亞里斯多德提出的問題，伍萊和她的同事觀察約700 人的團體行為。她把這群人分成不同的團隊，然後指派一系列的任務交給他們。每個任務都需要不同的合作技能，像是想出有創意的解決方案，解決假想問題，以及安排採買路線。

想當然爾，有些團隊合作得很順利，但有些就沒那麼順利了。為什麼成功的團隊那麼成功？一開始，數據看起來有點讓人困惑。有些團隊由領袖帶頭，其他人的權力則公平分配；有

些團隊有聰明的人，他們故意把解決方案分解成諸多小任務；有些團隊按照各個成員的強項，安排任務——有各式各樣的處理方式，並未呈現太多有用的資訊，也沒有顯而易見的共同成功因素，但研究人員開始注意到「關係」的議題。

成功的團隊共同具備的超能力，是團員間互動的方式，也就是對待對方的方式（依人口分布不同，情況也會有所不同，之後很快就會提到）。這種對待彼此的方式產生一種亞里斯多德式的群體智慧。群體智慧的程度，就預言了一個團隊的成功程度。他們把群體智慧叫做「群體因子」，英文是群體因子的簡寫（C-factor, collective factor）。一個團體的群體因子分數愈高，就會愈成功。先不論結果準確與否，這個差別不容忽視。

群體因子包含三個元素，你可以看成凳子的三隻腳。在伍萊的實驗中，這三個元素都要同時齊備，才能夠維持超級團隊的分數。我猜你已經迫不及待想要知道組成群體因子的元素：

一、團員很能讀懂對方的社交暗示。
二、團員會輪流參與對話。
三、團隊成員中女性愈多，群體因子分數愈高。

「芭樂特」與團隊合作的關係

凳子的第一隻腳跟所謂的「心智理論」（編按：Theory of mind；為推論他人心智狀態的能力）**有關**，這個理論是很複雜的認知小工具，可以說是神經學中最接近讀心術的東西。解說這套理論最好的方式，可能要借助知名喜劇演員薩夏·拜倫·

柯恩（Sacha Baron Cohen）。

從《芭樂特：哈薩克青年必修（理）的美國文化》（*Borat*）到《Ali G 個人秀》（*Ali-G*），柯恩的喜劇作品往往包含白目的角色。柯恩上節目宣傳電影《大獨裁者落難記》（*The Dictator*）時，因為他在電影裡面飾演的是獨裁者，他會扮演裡面的角色，來推廣電影。在一場訪問中，有傳奇喜劇演員兼電視脫口秀主持人喬·史都華（Jon Stewart），獨裁者柯恩在訪問一開始，就從腰帶中拔出一把鍍金手槍，然後放在史都華的桌上。觀眾們深吸了一口氣。

節目氣氛似乎變得愈來愈糟，各式討論獨裁者的議題，從難聽的性剝削，到失去獨裁朋友金正日和格達費。但獨裁者柯恩整場訪問仍然暢所欲言，完全沒注意觀眾因為他說的話而感到不舒服。史都華憋笑憋得很辛苦，大概是因為這個刻板印象太真實了。

獨裁者柯恩欠缺什麼？科學家會說，他缺乏心智理論。心智理論強的人跟柯恩的獨裁者角色不同，他們很能夠偵測到其他人臉上的情緒資訊，也能夠換位思考。

我們怎麼知道的呢？雖說讀懂表情資訊的能力，可能跟換位思考不同，但研究顯示，這兩種能力都源自於心智理論，也就是了解他人內心、意圖、動機的能力。它的核心才能是找出他人內心的獎賞和懲罰，從而發展出個人思維的一套「理論」。要發展出這套理論，我們的心理會汲取各式各樣的肢體提示，其中最知名的就是臉部表情。從臉部擷取資訊對於大腦來說可不是小事，大腦有一整區（梭狀回，fusiform gyrus）都是用來處理臉部表情的。

心智理論可以被量化，研究人員藉此來偵測大腦的變化。這個心理測量工具叫做眼神測驗（RME, Reading the Mind in the Eyes）。測驗時，研究人員會呈現一系列的臉部圖片，裡面的人都在經歷不同的情緒。你的任務是要猜出這些情緒——但這裡有個小問題，你只看得到這個人的眼睛。心智理論強的人，表現很好；心智理論較差的人，表現則不然。這個測驗很嚴謹，有些人會用來診斷自閉症。

大家應該要認識製作眼神測驗的人，他叫做賽蒙‧拜倫‧科恩（Simon Baron Cohen），他是神經學家，任職於劍橋大學，也是研究自閉症的全球權威。他的名字是不是看起來很眼熟？因為他是喜劇演員薩夏‧拜倫‧柯恩的親戚。我無法想像他們的家族聚會長什麼樣子。

眼神測驗和心智理論、群體因子有什麼關係呢？伍萊把眼神測驗當作一種指標，這些指標加總起來，就是她所謂的「社會敏感度分數」（social sensitivity score），這就是群體因子的第一個元素。就跟吃角子老虎吐出來的硬幣一樣，成功的組別，社會敏感度分數較高。

嘴巴有東西就不要說話

這張凳子的第二隻腳，就是輪流參與對話。什麼意思呢？看看跟家人一起玩遊戲的夜晚，你就知道了。

小時候，我家喜歡玩一個遊戲，叫做「凹洞」（pit），有點像是以前大家在叫賣商品一樣——但現在有了網路，店家就無法大聲競價了。我以前玩這個遊戲的時候，必須叫得比其他

人還要大聲，要交換卡片，要打斷別人，要有氣勢，試圖「壟斷」市場。我家的版本特別活潑，通常大家都聽不清楚誰在說話、說了什麼。

會有這種情況，是因為這款遊戲並不需要輪流發言，也不是互相對話。伍萊發現，團隊表現如果像是在玩這款遊戲的話，團隊成員就像是賽馬選手，搶著說話，通常生產力就不高——這點我的家人可以作證。伍萊也發現，群體因子分數較高的組別，不會叫囂；解決問題的時候，沒有人會一直搶著說話，每個人都會輪流加入討論，這項指標可以用「發言時間」（輪到說話的次數）來衡量。伍萊這麼寫：「由一小群人主導的組別，群體智慧低於發言機會比較平均的組別。」

沒錯。允許特定人士持續於團隊會議中發言，會導致團隊「群體智慧較低」。說難聽點，就是比較笨。

另外一個跟輪流發言有關的重要因子是插嘴。我剛剛說的那款「凹洞」遊戲就鼓勵大家插嘴。插嘴其實可以用「反應偏移」（response offset）來衡量，也就是一個人停止說話，另一個人開始說話的時間。在正常的對話中，反應偏移大約是半秒鐘；但有人插嘴時，反應偏移就是零秒。

反應偏移為零的組別，往往是有男有女的組別。這個狀況在檢視美國最高法院的開庭錄音紀錄中，可以看到，非常驚人。研究人員發現，女性法官發言被打斷的次數占 32%，但她們並沒有以牙還牙，女性法官插嘴的時間只有 4%。

法庭以外，情況也一樣。有一個研究評估，三分鐘的激動對話中，男性平均打斷女性兩次；雙方若皆為男性，則只會打斷對方一次。平均來說，男性打斷女性發言的次數，多上

33％。

為什麼輪流發言的影響這麼大呢？要是大家都可以說話，他們就有機會感受到，有人傾聽他們的心聲，覺得安全，自己的意見有分量。發言的機會不平等，也就是有一個人會支配團體（或經常打斷他人），其他人就不會太投入，這些沉默的多數會覺得，他們的意見跟其他人相比起來，沒那麼重要。這大概就是信任能夠有效提升團隊功能的原因。要記得，缺乏信任感，就會導致團隊合作失敗。要是沒人支配團體，沒人插嘴，就有機會培養信任感，生產力也會提升。別像在叫賣一樣大聲嚷嚷。

女力

群體因子板凳的第三隻腳，爭議最大。伍萊發現，群體因子分數與女性人數呈現正相關。女性愈多的組別，群體因子分數就愈高。

為什麼呢？嗯，這就是爭議的來源了。伍萊表示：「（與先前研究的結果一致）女性在本實驗中社會敏感度分數高於男性。」

伍萊實驗中的女性受試者眼神測試分數較高，也就是「社會敏感度」較高（心智理論）。

這邊最重要的一句話是「與先前研究結果一致」。她指稱的研究顯示，女性在眼神測試中的表現往往較佳。根據牛津的研究人員羅賓・鄧巴（Robin Dunba），這是因為女性在心智理論二級和三級任務（編按：可以揣測其他個體的意向，稱為二

級;可以揣測某人對第三者的想法,則為三級),得分高於男性的緣故。

伍萊可能指的也是涵蓋在群體因子第二隻腳內的發現。研究人員早就發現,在西方的商業文化中,男性的互動風格往往都充斥著社會支配的暗示,包括下命令、使用肢體語言,像是頭往上仰、有意識的跟人眼神接觸(研究人員稱為注視)、有侵略性的手勢和姿勢。

反過頭來,女性的行為就沒那麼強勢。她們能夠做出困難的決定,投入程度也不輸男性,但是一開始會選擇更民主的策略,非常平等,會先滿足團體的需求,盡可能達成共識。她們比較願意展現友善、安全的暗號(像是微笑,而不是抬起下巴),表現出人際互動是第一要務。但就像我前面說的,有爭議。

要說一個團體需要幾位女性的話,問題就更複雜了。答案是:女性愈多,群體因子分數愈高。數據顯示愈多愈好,但有臨界點,如果整組都是女性,表現就不會再更好了。這個發現與許多研究相符,顯示團體中的多樣性,也是成功的一大要素。

群體因子可能只是一個因素,這章稍後會討論。我猜你在想,要如何提升公司的團隊群體因子。首先,要遵從一句話,這句話不是亞里斯多德說的,而是另外一位偉大的希臘哲學家,他叫做柏拉圖。**他說:「認識你自己。」**確切來說,回顧自己過去在幼稚園時的行為反應,當時你的大腦還塞在菜鳥人類的頭殼裡。你現在與人相處的方式,無論好壞,很多都是很久以前發展出來的。

幼稚園

多數影響成功與否的關鍵，在小時候就養成了。神經學家很了解這些行為，我們甚至可以預測一個人未來的經濟成就，預測基礎就是他幼稚園時期的行為。研究人員花了近三十年的時間，才搞清楚。

加拿大有三千名學齡前孩童接受觀察，研究人員想了解他們的社交互動。研究人員檢視「利社會行為」（合作、能夠建立／維持友誼）、「反社會行為」（侵略、普遍反抗）、「專心行為」（不專心、過動）等。研究人員的問題是：「這些孩童之後的發展會怎麼樣？」然後，三十年後再取得縱向結果。有許多指標都跟工作和經濟成就有關。有沒有成功預測？有失敗的嗎？

答案是斬釘截鐵的「有」，兩者都有。在幼稚園上課不專心的小孩，三十年後幾乎收入都較低；比較有侵略性、持反對意見的人，收入比較少，而且更有可能入獄、濫用藥物，或兩者皆有。

反過來也是一樣，上課愈專心的小孩，整體收入就愈高。發展出的利社會行為愈多，愈容易交朋友。他們在學校的表現也比較好（跟交友能力有關，信不信隨你），也就是說，他們上大學的機率比較高，收入也比較高。

這些發現符合許多數據資料，一言以敝之，就是：社交技能是個人成就的要件。社交技能一旦建立起來，就會大幅影響我們的行為模式。他們也解釋了，為什麼「改變」這麼困難。

好在有些方法具足夠的證據支持，能夠促進改變。舉例來

說，我們知道如何改進心智理論的能力（與其說是能力，不如說是特質）。**我們也知道，你可以不再支配對話，不再打斷別人說話。**如果你是男士的話，就更不可以打斷女士說話。

這些都不簡單，但都做得到。過去的時光，可能造就現在的你，但幸好，你不必再活在過去了。你擁有的就是現在，也只需要現在。

實際一點，後面會教你下週一開始可以怎麼做。

自戀

還好你可以做一些事情，強化自己群體因子的三隻腳。先從心智理論開始。

前一節我說過，要說心智理論是可以學會的技能，倒不如說是與生俱來的特質。要如何改善這項精密的讀心能力？**關鍵是把注意力放在其他人身上，而不是自己。**

科學家是否知道，如何不要讓人那麼以自我為中心呢？有兩組研究指出，科學家可以。第一個實驗中，找來適應不良的自戀狂，也就是世界上最以自我為中心的一群人；第二個的實驗元素是讀書會，沒錯，就是讀書會。

自戀狂的實驗在英國進行。研究人員評估兩組的自戀程度，包括他們對於苦惱、激起同理心的敘述，各自會有什麼樣的反應；另外，也評估行為及生理反應（心率等自律反應）。在一般、非自戀的族群中，大家聽到要是能夠激起同理心的故事，神經系統反應通常就會加速。這是一個很好的反應評估辦法，不需要仰賴偏頗的自我報告。

實驗一開始，兩個組別的自戀狂會聽到讓人難受的敘述，包括家暴倖存者的故事，還有很慘烈的分手故事。第一組是控制組，先詢問他們中立的問題，像是「你昨天晚上看的電視節目是什麼？」之後馬上評估他們的大腦和身體反應。真正的自戀狂聽到故事後會無動於衷，就像是聽到有人問他們看電視的習慣一樣，他們的生理反應會維持不變。

第二組也會需要回答一些問題，但這些問題跟他們聽到的故事有關。受試者應要求想像故事主角經歷創傷的感覺，以及敘述時的感受。研究人員會問他們：「如果發生在你身上，你會有什麼感受？」這類問題會強迫他們把重心轉移到他人身上，然後再接受行為和生理反應評估。

這麼做當然有效，同理心的分數爆棚，心血管反應也一樣。與控制組相比，這個組別的自律反應增加67%。研究顯示：「要求受試者想像自己是被害者，與自戀相關的同理缺陷和心律異常就消失了。」

是的，消失了。就算是非常不敏感的人，心情也會受到影響，而且實際上要影響他們的心情，也沒那麼困難，這點讓人很訝異。只是簡短的指示，就會改變他們的神經系統。

這些數據凸顯兩個事實：**一是效率低落的團隊，最大毒瘤就是剛愎自用；二是最有效的解毒劑，是替人設想**。一切都會好轉的，前提是大家要習慣時常換位思考，想想看對方的感受。這件事情做起來並不容易，但不是做不到。

研究人員知道，要如何讓人關照別人，也就是說，從這些數據中，我們能夠找到一些實際有用的資訊，也不需擔任他人的諮商師、父母或是其他權威角色，就能達成。這一點，也恰

恰在 1984 年一部最賣座的電影中一覽無遺。

打蠟和虛構小說的力量

我這邊要說的電影是初代《小子難纏》（*Karate Kid*），劇情是年老枯槁的空手道大師宮城，傳授武術技巧給高中生拉魯索（Daniel LaRusso）。宮城先生一開始要丹尼爾在他的住處旁邊，一直重複做無聊的事情（像是粉刷籬笆、打磨地板、替車子打蠟等），練習一整套的動作技巧。這個想法無論現在或過去都很不可思議，他其實是要丹尼爾在打雜時，學習武術的基礎動作，有助於把他訓練成格鬥戰士。

你要知道，宮城先生用的是被稱為遠程轉移（far transfer）的方法，也就是練習一項技能，使得另一項技能恰巧能夠熟練。打雜的目的是要學習空手道，雖然這個想法未免太過牽強，但是遠程轉移的概念並不是天方夜譚。

說到這裡，就可以來討論讀書會的實驗了。參加讀書會可以加強認知技能，這就能夠解釋遠程轉移的概念。換句話說，**閱讀好書，能夠加強心智理論。**

想要證據嗎？在一系列五組的實驗中，紐約的研究人員測驗一組人的心智理論，然後再請他們閱讀小說。這個實驗跟前述的自戀狂實驗一樣，受試者需要分析敘述，討論角色，然後想想看，自己在特定情境下，會出現什麼樣的行為。這樣的練習會強迫受試者深入了解文本，就像是參與認真的讀書會。實驗結果也跟前述的自戀狂研究一樣，受試者的行為在閱讀文本後出現改變。在這個實驗中，受試者的心智理論分數上升約

13％。

　　這就是遠程轉移很好的例子。因為練習一組領域的技能，能夠裨益另一組的技能。研究人員相信，可以轉移成功，是因為小說能夠模擬真實的人際關係，讓人練習關注他人（有些研究人員把小說稱為心靈的飛行模擬器）。如此一來，就能養成習慣，自然而然的關注他人。有趣的是，這些實驗要成功，前提是小說要寫得好，必須得過文學獎；大眾創作沒有這種效果，非小說類也沒有用。

　　什麼意思呢？說起來也很荒謬，團隊如果成立文學作品讀書會，練習沉浸在書中角色的生活中，團隊表現可能會較好──數據就是這麼說的。大家應該要成立讀書會，或是電影同樂會，又或者可以在食物銀行當志工，寫下對人們的觀察，再唸給同事聽。**社會敏感度能夠提升團隊生產力**，這個結論不言自明。如果想要提升團隊生產力，就請大家時常體驗他人的生活。

給予支持，不要轉移

　　還記得嗎？群體因子板凳的第二隻腳，是輪流加入對話。每個人輪流發言，沒有人支配對話。老實說，這個狀況很少見，理由很簡單：大腦就是你的敵人。除了極少數的例外，多數人都喜歡聽自己說話，就是公開表達自己、你的想法、你的自我。這麼做讓人難以自拔，每次表達自我，大腦就會給你一點多巴胺，讓你感到快樂，就像是吸古柯鹼一樣。上推特也是。

　　要怎麼做，才能避免支配對話？社會學家戴伯（Charles

Derber）可能知道。他研究、分類數百段對話，場景遍及家中、工作場所，再以量化方式證實，大家都喜歡談論自己。他的研究也提出一個實用的解決方法。以下兩個員工的對話情境，就可以展現出來：

員工甲：麥迪森讓我很不開心。

員工乙：麥迪森也讓我很不開心。你知道她早上怎麼對我的嗎？

情況變了，你注意到了嗎？乙立刻開始談論自己的經歷，但對話主角卻不是他。**戴伯把這種對話稱為「轉移型回應」**（shift response）。因為乙把對話轉移到自己的經歷上，無視甲的經歷。

再來看看這段對話：

甲：麥迪森讓我很不開心。

乙：為什麼不開心啊？你們兩個怎麼了？

這下就不一樣了。乙繼續關心開啟對話的同事，而且展現支持。**戴伯把這個稱為「支持型回應」**（support response）。

多數人會把回應轉移到自己身上（60％的真人對話）。如果對話發生在社群媒體上，這個比例就會提升到80％。開會往往會出現這樣的傾向，正是因為神經作用，讓多巴胺湧現。

你有多自戀呢？要知道這個答案，只要觀察自己在會議上的發言，或是請人幫你注意一下。可以認真統計（必要的話，

可以畫一張小圖），也可以統計個大概（問同事覺得你講話講多久）；你可以找人替你計時，算算你到底用了多少「發言時間」。而且，其中有多少時間是在講你自己。如果有 60％的時間都是轉移型回應，那麼請你逆轉情勢，把支持型回應提升到 60％。要是在網路上有 80％都放在自己身上，就把這個數字壓到 20％。

就跟心智理論一樣，你最愛的主題仍是你自己，但不斷遠離這個交談主題，搞不好就能給其他人機會發言。研究也明確指出，人人有機會，人人有面子，如此就能夠穩固群體因子的第二隻腳。

女力蓬勃

你大概還記得，群體因子的第三隻腳跟性別有關。團隊中女性成員愈多，生產力愈高。這個影響取決於數量，就跟藥量一樣。所以很明顯，這邊比較實際的建議是：**雇用更多女性，把女性晉升到實際能夠做出改變的職位。**

這點聽起來有點爭議，但這些數據無獨有偶，也不是最近才發現，或只在北美洲有這個情況。經濟合作發展組織早在十多年前（2010 年），就在開發中國家注意到性別的影響。女性只要一拿到資本，就會將比較多的資金投入家庭和周遭的社群，所以每個人的財富都會比較多。要是女性的土地所有權與男性相等，作物產量就會增加 10％。

就算是古早年代，女性也能夠刺激生產力。經濟合作與發展組織發現，要是國家能夠讓至少 10％的女孩受教育，整體國

民生產毛額就會增加約3%。女性如果能夠長期執掌經濟政策，就能夠大幅提升一國的財務潛力。

在美國，研究人員也發現相同的現象。從《財富》雜誌的世界五百大公司中發現，董事會男女比例平衡的話，公司賺的錢會比較多，而且差距並不小。相較於失衡的環境，董事會成員男女比例平衡的公司，投資報酬率平均提高了66%，股權報酬率增加了53%，銷售報酬率增加了43%。這些比例平衡的董事會，也比較少被美國證券交易委員會為難，因為他們比較不會為了降低公司稅務而做出有風險的行為。

為什麼生產力會提高？沒有人知道確切原因。大家往往會把這類數據當作文化戰的武器，但數據就是這麼的明確，打文化戰幾乎沒有意義。伍萊相信，生產力與群體因子的第一隻腳有關：既然女性的社會敏感度測試（例如：眼神測試）分數往往高於男性，加上社會敏感度較高，所以生產力就比較高。可以說，女性人數愈多，團體生產力就愈高。

這些資料大方呈現出，如果想提升生產力，請儘量雇用女性。

團隊合作的缺點

雖說團體做的決定，通常比個人好；群體因子分數高的團隊，功能也最好；然而，團隊合作並不一定能製造雙贏的局面。研究人員也研究過其缺點，並發現對於組織會帶來相當重大的不良影響。研究人員提出的解決方案聽起來有點不合邏輯，但──就是團隊合作。

團隊合作最大的缺點，就是團體迷思。 行為學家把這個詞定義為「團體成員為了要達成共識，所以摒棄批判思考」。

　　雖然這聽起來很像是喬治・歐威爾（編按：21世紀最具代表性的政治小說家，其創作以精要且諷刺的社會批評為特點，代表作為寓言小說《動物農莊》）寫的，但是這個詞確實是由耶魯大學心理學家詹尼斯（Irving Janis）在1970年代創造的。從那時候開始，這個現象被廣泛應用，也解釋了許多現象，像是註定失敗的軍事入侵、發生太空梭事故等。

　　詹尼斯發現，**團體迷思只有在特定社交情境下，才會變嚴重，誘發條件就是資訊狹隘。** 團隊要是建立結界，拒絕與外部接觸，受到的影響最大，其原因很惱人：**他們大幅高估自己的能力。** 由於他們很輕易會將自己與他人進行比較，要是之前有過成功的經歷，就特別容易發展出部落心態，區分「我們」和「他們」。**第一個受到影響的是什麼呢？異議。** 外部的影響力很容易不小心被貼上「非我」的標籤；說難聽點，就是比較差，甚至是威脅，又或者比較差且具有威脅。

　　另一個造成團體迷思的原因，就是外部壓力。 團隊要是必須在特定時間內提出解決方案（「我昨天就說要」），比較容易受到團體迷思的影響。這個壓力可能來自於獨裁領導力的上司，這種人是另一個大力觸發團體迷思的警報。具有支配型人格的人，是造成團體迷思的風險；如果這個人是領袖，風險則又更大了。取悅這位領袖的需求；可能比批判思考還重要，如果領袖需要人多多恭維的話，則更不妙了。

　　這些產生團體迷思的人，有一個很奇怪的特點：他們通常都合作無間。他們甚至很自豪，能夠達成所謂的「部隊凝聚力」；

要是之前曾經一起達成某項成就的話，他們又會更加引以為傲。但是長期來說，這樣的凝聚力有好有壞。團隊中出現不同的想法，可能會暫時中斷團體迷思，但通常代罪羔羊會是提出批判思考的人，他提出的想法會干擾團隊。不管他做得有多好，通常都會淹沒在「不忠誠」的批評中。

不合邏輯的地方就在這裡。部隊凝聚力不就是群體因子的一個元素嗎？群體因子能夠促進安全，成員可能會對此非常感激，所以凝聚力相較於批判思考，是否可能比較重要，進而導致危險的處境呢？功能強大的群體因子好像需要另外一個元素，也就是治理行為的元素，以避免團體迷思。幸好，研究人員知道我們欠缺的元素是什麼；更重要的是，他們知道要怎麼添加這個元素。

大相徑庭的力量

欠缺的元素，用美國司法歷史上最奇怪的兩個人，可以解釋得最清楚。這兩個人是已故的最高法院大法官金斯伯格（Ruth Bader Ginsburg）和史卡利亞（Antonin Scalia），兩人都非常聰明，也極其獨立；兩人的政治立場大相徑庭，就像是薯條與胡蘿蔔條一樣。但他們兩個人的不同之處，卻互相吸引，產生魅力，讓兩人互相敬重，甚至可以說是敬愛。他們兩個一起參加社交活動，一起去觀賞歌劇（還有一部歌劇寫的是他們的故事），成為莫逆之交。金斯伯格還在史卡利亞的葬禮上發表過悼詞。

容易產生團體迷思的團隊，缺少的就是接受異議的意願，

他們缺乏多元觀點、多元想法、洞見；更重要的，可能還缺乏多元的社會經驗，種族、經濟、性別、宗教、語言多元。另外，我也認為地理多元，都能夠讓團體更豐富、更有能力。有許多實證研究顯示，團體愈多元，表現就愈好，也比較不容易互相蒙蔽，能夠避免團體迷思。

這個優點的徵兆，許多年前就顯露出來了。哥倫比亞大學與馬里蘭大學的研究團隊，想要了解造成市場崩盤的原因，他們仔細檢視種族多元的市場與價格泡沫。雖說這項研究很複雜（主要是研究資產是否被高估），但結果顯示一個很重要的事實：**市場中如果種族多元，資產評價就比較準確，因為能夠避免團體迷思造成的過度自信，避免誤判。**

相較之下的評價會有多準確？58％，十分可觀。由於這個準確性，大量金錢可以直接省下來，事實上是省下數百萬美元──研究人員算出來的就是這麼多。

查驗事實的行為，是評價準確性的一大功臣。團體的社會多元程度愈高，偏見造成的錯誤就愈少，預設立場也愈少。意見不同的人，會願意質疑預設立場，所以事實的準確性就愈高。多元的團體也比較有創意，這點從每單位時間提出的新解決方案數量，可見一斑。

這些團體相較於同質性高的控制組，理所當然的也提供更多創新解決方案，決策也更佳。

這個結果很站得住腳，所以研究人員能夠解釋多元的運作機制，我們稍後還會討論到。但老實說，偷聽這兩位最高法院大法官看歌劇時的對話，看他們站在權力的高峰，就知道互敬互重可以省下更多時間、金錢、實驗。

多元的運作機制

我在日本出生，爸爸是職業軍人。小時候我記得很清楚的東西，就是風箏。這些精緻的藝術品，遠遠看去，非常漂亮，就像是有人把小小的、鮮豔的顏料塗到天上去一樣。我大學時看到風箏，一樣還是非常開心，但隨著我的科學知識愈來愈豐富，欣賞的原因截然不同了：風箏會飛，是因為有張力。風吹著紙和木頭做成的骨架，造成浮力，才能夠翱翔。

從佈道演講到自我成長的書籍，常常借用需要張力的風箏當作比喻，教大家人生的一課。我緊接著要借用風箏來解說，但是解說基礎截然不同。風箏的原理能夠解釋，多元為何能夠打造出解決問題能力一流的團隊。

有一些人密切研究多元團隊，其中一個人就是已故的菲利浦（Katherine Phillip），她之前任職於哥倫比亞大學商學院。她發現一些與團體動力相關的有趣事實，其中包括社會背景多元的團體，在剛開始聚在一起時，幾乎都會陷入緊張關係。溝通上往往言簡意賅，參與者因為對新環境還很陌生，所以抱有戒心。許多人會感到不舒服，他們通常也缺乏信任感，需要他人敬重，團體凝聚力較低。

因為這種不悅的感受，你可能會以為多元的團體比較可能失敗。但事實證明卻完全相反——這再次說明，就算是不言自明的印象，也需要詳盡調查。

菲利浦確實的深入研究，她的團隊發現的答案，適用於家庭也適用於風箏物理學。一開始，團體中的緊張關係，能讓人「大顯身手」。團體成員看到彼此的差異，就比較可能會改變

對於團隊成功預期的看法。有些人認為，要花比較多功夫，才能達成共識；有些人相信，他們需要花更多心思，搞清楚事實，摒除偏見。接下來，自我清潔的動力就開始成形。菲利浦說：「只把社會多元程度添加到團體中，大家就認為，團體之中具有不同的觀點。有這樣的想法，大家就會改變行為。」

信任是驅動團體生產力最重要的因子，這個想法是不是與這個發現背道而馳呢？並沒有，但這樣的想法確實需要修正。最好的團隊的確需要互相信任，但不是因為彼此之間沒有緊張關係，而是運用這些緊張關係，造就成功。許多文獻指出，要產生團體凝聚力，最有效的方式，就是成功。

菲利浦的發現有好有壞，也很弔詭。壞消息是，緊張關係產生的時間，早於多元團隊成員的初次互動；好消息是，隨著時間流逝，這樣的團隊就能夠發展出最強的問題解決能力。弔詭的是，要先有張力衝突，才會成功。這真的很像在放風箏——如果要飛高，就要先逆風，而不是順風。

尺寸問題

我們發現，團隊合作是解決問題最好的方式。但還沒討論到，團隊要多大，才最能解決問題。是否有一個通用的數字呢？

其實沒有人知道，但比較好的說法是：沒有人確定。科學研究的團隊規模好像就有點失控。舉例來說，發現希格斯玻色子（Higgs boson，就是取名取得很爛的「上帝粒子」）的團隊，人數超過五千。遺傳學領域的論文由一千位作者寫成，也很常見。你看得到單一作者寫成的論文，但就跟米其林星星一樣的

稀少。

大型團隊有任何優點嗎？研究人員下定決心，要找出最適合的人數。有一項研究檢視全世界六十年間（1954～2014年）的研究案和工程案，聚焦於一個看起來很簡單的問題：團隊人數要多少，生產力才會最高？研究人員分析了6千5百萬個專案，仔細觀察是否有與人數相關的趨勢，結果找到兩個。

第一個趨勢，看的是一項研究多具「開創性」或「啟發性」。開創性指的是特立獨行、特殊、新的顛覆性想法。啟發性看的是，其他研究人員引用這些開創性研究做為研究基礎（或佐證）的次數。該研究顯示，真正具有開創性的研究，幾乎都由五個人以下的團隊做出來的。無論研究領域或專案類型，都是如此。規模小，能夠造就開創性，

但規模小並不一定百分之百完美。人數少的團隊可能會產出更多的科學突破，但要進一步推展想法，就沒那麼在行。要推展想法，團隊人數就一定要夠多。巨型團隊很能夠根據開創性研究，進一步推展、精進，他們往往不會產出新的想法，但是很會把想法付諸實行（言下之意是，可能需要少數幾位科學家才能確定上帝粒子的存在，但要五千多人合作才找得到這個粒子）。

研究人員單打獨鬥的命運，其實滿有趣的。研究人員發現，當開創性科學家離開小規模的團隊，加入規模較大的團隊中，具有開創性的人，就變得沒那麼有開創性了。這些研究人員還是留在規模較小的團隊，會比較有創意。

結論是什麼呢？兩種規模的團隊都很重要。也就是說，專案經理在召集團隊時，要聰明點。他們要評估問題的種類，然

後找出最適合解決問題的團隊規模。資料顯示，團隊成功（或是失敗）的機率，在籌組團隊時就已經確立了，遠早於團隊著手解決問題之時。**籌組無敵的問題解決團隊，就是要建立一支群體因子高的多元強化團隊。**

知道以上這些，你下週一開始該怎麼做呢？應該遵循以下步驟：

一、選擇眼神測試分數高的人，或者是願意參加讀書會，提高自己分數的人。

二、選擇願意檢視自己談話習慣的人。他們應該要改掉轉移型回應的談話習慣，改成支持型回應。改善談話禮儀，像是不要插嘴等。他們還要願意改善聆聽技巧。

三、選擇多元成員，從性別到種族，從地理到地緣政治，都要考量。

四、小團隊創意較高；大團隊比較能夠應用創意，從事生產。

這些具充分證據的想法，多數根植於我們古老的演化歷史中，並在動盪的時候，給予我們抱有希望的理由。就算疫情對於團體互動造成再嚴重的破壞，也不會影響太久。幾千年來，我們都必須團隊合作；接下來幾千年，我們還是需要團隊合作。

- **如何提高團隊合作的成功率？**

  需要成員之間的信任感。

- **如何組成超級團隊？**

  需要三元素：

  1. 隊員要能讀懂對方的社交暗示。

  2. 團員需多參與對話。

  3. 團隊成員中女性愈多，團隊緊密程度愈高。

- **如何改善理解社交暗示的敏感度？**

  可以參加小說讀書會，在食物銀行當志工，或者參加其他團體活動等。總之，嘗試把焦點放在他人身上，而不是自己身上。

- **如何避免團體成員為了達成共識，摒棄批判思考的「團體迷思」？**

  1. 接受異議。

  2. 接受多元經驗。

  3. 查驗事實。

- **如何決定團隊大小？**

  規模小的團隊（五人以下），比較適合創作新的或開創性的東西；團隊規模較大，比較適合以先前的作品和開創性想法為基礎，進行延伸。

2 大腦討厭線上會議

大腦這樣想：

將近一半的大腦都用來處理視覺資訊，
但大腦很不喜歡看到巨大的臉龐。

　　梅瑞爾（Cathy Merrill）在《華盛頓郵報》發表一篇社論，無意間自找麻煩，最後傷痕累累。

　　她的文章標題是〈身為執行長，我擔心遠距工作會戕害辦公室文化〉（As a CEO, I Worry about the Erosion of Office Culture with More Remote Work）。她大嘆，COVID-19 疫情期間的隔離政策，導致辦公室裡的人際互動蕩然無存。辦公室走廊不再有不經意的三分鐘互動，也沒有任何實體會議了。她擔心一切回復正常狀態時，員工可能會太習慣自由，依然想要偶爾進一下公司就好。

　　她用一顆炸彈結束了她的哀嘆，她說：「員工如果想要在家工作，可能就會變成約聘人員。」她表示，回歸真實辦公室的最大福利，就是工作保障。她最後說：「要記得，每位經理人都知道，最難開除的，就是你認識的人。」

　　這結論就像是在液化石油氣槽裡點燃火柴。她的員工受到未經修飾的威脅後，許多人暴怒了。其他機構的從業人員也感到很震驚。梅瑞爾的員工在推特上貼文，其中有人說：「梅瑞

爾公然威脅我們的生計，我們深感失望。」然後，罷工了一天。這場輿論風暴持續了好一段時間，梅瑞爾回應，她覺得自己被誤解了，她的重點主要是「保存我們在辦公室中建立的文化」。

這邊讓我不禁感到諷刺：如果那天大家都在辦公室上班的話，大概誤會很快就解開了。

她可能會召集會議，讓員工各抒己見，然後重述她的用意。接著，帶大家出去喝酒（第一輪她請）。然而現在，梅瑞爾的員工們遠遠的躲在家裡發怒。員工們感到羞辱，梅瑞爾最後也傷痕累累。

當員工們慢慢回到辦公室，後疫情時代又那麼讓人沮喪，我們要怎麼開會呢？如果持續遠距工作，不管是完全還是部分遠距，會有什麼樣的缺點？如果遠距工作成為常態，是否能夠避免這些問題呢？

這個章節就會討論這些問題。我們會從耳熟能詳的事物開始，也就是疫情前每家公司一定會舉辦的活動：會議。愈來愈多人在家開線上會議，我們會檢視情況有什麼改變。最後，提供一些想法，好提升在家工作的生產力。大家會看到，在家工作，就跟以前進公司一樣有生產力，但前提是要謹記一些重點。

以前的我們

疫情前，我們對於開會有兩個自虐的印象：

第一個是，開會簡直廢爆了。不只是文意上的廢，還包括耗費時間、精力、金錢等資源。而且，還很沒用，約有90％的

人會在會議中發呆；超過 70％的人，會在開會時處理其他事情。**第二個則是，商業界的人抱怨歸抱怨，還是開了很多會，**每天多達 1100 萬場，占了組織 15％的時間，以及繁忙的經理人每週 23 小時。這些花在會議上的時間，成本也很高，大約每年 370 億美元。

這種自我虐待的作法，也發展出一個小產業，教導大家如何把會開得成功。大多數都建議只要避掉痛苦就好。新創公司創辦人葛雷姆（Paul Graham）接受《紐約時報》訪談時，這麼描述理想的會議：

與會者最多就四到五位，他們互相認識，互相信任，快速討論一系列的開放式問題，同時也做其他事情，像是吃午餐。會議中沒有簡報，沒有人想要表現自己，每個人都想趕快離開，回去工作。

老實說，不是每個人都想要開會時滿嘴食物。開會時，大家面對面即時互動，因此有 80％召集會議的人，認為開會其實很有效且值得利用。他們不建議廢除會議，而是要升級，運用行為科學，提供改善方向。

我們還是會把行為科學當作指引，還是會討論如何提高會議效率。但是首先，必須先解決眼前的問題，就是 COVID-19病毒。這隻小小病毒做的事情，達成近兩百年來美國資本主義都辦不到的事——改變開會方式。

這個改變可能比原本想的還要深刻。疫情期間，許多公司改開線上會議。這對工作而言有什麼影響，目前還不明朗。但

顯然，這種特殊的社會破壞，絕對不只會出現在可怕的2020年。

在家工作

我看完某支 YouTube 訪談影片後，心想：「我已經預見未來了，這個未來很有趣！」

大家可能也看過這支影片。影片當中南北韓專家凱利（Robert Kelly）教授在家接受英國國家廣播公司訪問。他的小孩不小心入鏡了，最終影片在網路上造成轟動。首先登場的是穿著黃色衣服的小孩，他打開凱利的書房門，走到電腦視訊鏡頭前，開始笑著跳舞。記者提醒凱利，有人打斷訪問，當時凱利九個月大的兒子坐著學步車，突然就滑到他的正後方。整個場面最後由媽媽出面亡羊補牢，她手忙腳亂的把小孩弄出鏡頭，書本散落一地。連好萊塢多數的鬧劇都沒有那麼好笑，或是那麼有先見之明。

影片中有些元素，好像揭示未來開會的樣子。想想看，遠距面試能夠省下多少財務資源：凱利住在南韓首爾，要他飛到倫敦接受採訪，與在家視訊相比，成本要高上許多。不必通勤上班，對於許多企業來說，可以省下許多交通支出。

另外一個節省成本的因子與士氣有關。大概除了凱利以外，多數員工都喜歡在家工作，至少是有部分時間在家工作。有一項調查發現，疫情期間就地避難的人，當中只有14％的人，在疫情趨緩後想要回到每日進辦公室的生活。幾乎有一半的人表示，最佳的情況是混合辦公：多數時間在家工作，偶爾進一下辦公室。

最後一個節省成本的因子，則與生產力有關。有些公司，包括思科、微軟等業界龍頭表示，在家工作的員工生產力大幅提升。無論高階主管、經理人、員工等都一樣，看到不必要的會議數量後，都表示驚訝。但不是每個人都抱有這種看法。在家工作看起來最適合從事知識經濟的人，這些人，大家可能也想得到，就是我們大部分的人。

最重要的是什麼呢？在家工作會繼續下去，也就是說，遠距會議也會繼續下去。

但我們有多了解線上會議呢？我們了不了解居家辦公室的設計，讓我們可以在裡面開會呢？在家工作是否都是優點？還是缺點？還是有好有壞？探討這些議題的研究才剛剛展開，初步的結論是：**在家工作有好有壞，有時候非常有趣。**

視覺會消耗腦力

先從缺點講起。

我不是要挑 Zoom 的毛病，市面上還有其他視訊平台，像是 FaceTime、Skype、Microsoft Teams、Google Meet。這些平台的共同之處，就是大腦都很討厭。又或者準確的說，大腦沒有時間適應，還妄想自己身在非洲塞倫蓋蒂中。大腦排斥視訊，絕大多數都是因為這個妄想。

其中一個問題就是消耗能量。視訊很耗費大腦的能量，這個經驗太過常見，所以贏得一個名稱，叫做「視訊會議疲勞」（Zoom Fatigue）──我們再一次挑某個平台的毛病。

為什麼會疲勞呢？部分原因，跟視訊會議的視覺特性有關。

將近一半的大腦都用來處理視覺資訊，而視覺訊息消耗的大腦資源，不是聽覺等其他訊息可以比擬的。

另一部分的原因，則是非語言資訊，這也是大腦視覺系統會偵測到的資訊。Zoom 和其他視訊會議平台中，非語言資訊不是太多，就是太少，取決於你看的研究而定。由於遠距科技顯示的多數都只有臉，其他部位展現的重要社交資訊會被隱藏，導致曲解。要解決這個問題，大家就會開始過度推斷。舉例來說，你會過度在意某個人的語言暗示，因為這是你唯一能得到的感官資訊。這樣子的代償行為會讓人筋疲力盡。

史丹佛研究人員拜倫森（Jeremy Bailenson）認為，情況可能也會完全相反。視會議規模而定，Zoom 的技術可能也會呈現太多非語言資訊，他把這個現象稱為「非語言資訊過載」（nonverbal overload）。這種過載的情形會發生，是因為視訊會議往往會有若干與會者，就像是《脫線家族》（*Brady Bunch*）的片頭一樣，每個人都瞪著你，各自展現其非語言線索。這樣子的非語言媒材太多，就導致大腦過載。

不管資訊太少還是太多，線上會議都很耗費心力，需要一半的大腦來執行兩項最耗能的活動：處理視覺資料，想辦法社交互動──這些都很累人。這就是視訊會議疲勞，只有臉部表情和幾個字就要進行溝通，會特別累人。

只要看看一般對談，就可以觀察到筋疲力竭的跡象。有許多會議到最後只剩下兩個人在對談，其他人就在一旁看著。

這樣子的情況，是否只會發生在視訊會議中呢？在一般的實體會議中，四個人與會，通常會由兩個人主導。把與會人數提升到六個人，就會多一個人乾坐在那裡。然而，沒人會感到

視訊會議疲乏，因為，嗯，就是沒用到視訊。如果開的是線上會議，還需要持續重新編輯、重新詮釋對話，耗費心力，非常惱人。由於這個情況讓人不悅，所以很有可能大家更會神遊。你會開始質疑，為什麼要那麼多人開會，特別是到最後發現，用電話溝通，不要視訊鏡頭，互動還更容易些。

不自然的凝視

還有另外一個原因，造成大腦在視訊會議中感到不適。這個原因就是：**視訊互動非常不自然。**

由於遠端溝通需要大家大眼瞪小眼好一段時間，這對於活在塞倫蓋蒂的人類大腦來說，很不尋常。長時間凝視，對於社交的哺乳類來說，是用來吸引注意力的方式。這麼做，大腦就能夠在短時間內，吞下大量的社交資訊，但要耗費的能量也多到不可思議，否則就會無法持續下去。在現實世界中，交談絕對不是互瞪比賽，但在線上會議中，大概就只能互相乾瞪眼了。

計算自然凝視的時間後發現，若有人初次見面，在 1.2 秒內就移開眼神，你會認為他們忽視你。要是他們看著你超過 3.2 秒，你會開始感到不自在，會想說是不是發生什麼可怕的事。取得平衡非常重要，人類這個物種認為，「凝視」的行為是心理健康問題。在嬰幼兒族群中，避免眼神接觸是自閉症初期的徵兆。

但在虛擬世界中，一切都倒過來了。大家在視訊時會看著你，你也會回瞪幾分鐘。絕大多數的時間，你甚至也無法知道，其他人是否在看你，所以完全無法讀懂其他人的反應。最後，

可能就把眼神從某人身上移開，原因不是因為你不重視，而是因為你看著視訊攝影機的方式不對。

這個不自然情況的另一個面向，就是開會時臉部的相對大小。一般的視訊對話中，通常整張臉會占滿螢幕。但是評估他人臉龐大小，其實具有演化上的重要性。

為什麼呢？我們生活在莽原時，會看到大臉的時候，就只有跟另一個人靠很近的時候。所以看到巨大的臉龐，大腦的距離感測器就會馬上亮燈。採集、漁獵時的人類，會靠那麼近就只有幾個原因：不是要近距離格鬥，就是要打砲。大腦知道，這些活動不會在視訊會議中出現，但是在非洲塞倫蓋蒂形成的潛意識警鈴還是會響起，所以大腦會持續的插入編輯意見，好阻隔演化擔憂。**大腦很不喜歡看到巨大的臉龐，所以人的身體也會開始退卻**。沒錯，退卻。視訊交談的自然程度，就跟神經毒氣一樣。

另外一個跟臉有關的獵奇故事，源自於希臘神話。大家可能還記得納西瑟斯（Narcissus）的故事，他是河神的後代。據說納西瑟斯長得非常俊美，所以他看到自己在水中的倒影時，一見傾心，完全無法把眼神從倒影移開。神話故事中，納西瑟斯迷戀自己的倒影，最終死在水邊。英文的自戀（narcissism）一詞就源自於這個神話故事，不足為奇。

你的長相可能跟納西瑟斯一樣好看，但你可能有所不如，科學顯示，你絕對跟他一樣會盯著自己的臉看。如果你在視野內可以看到自己的臉，就會過度注意自己的臉，即便周圍人山人海，還是會盯著自己的臉看。研究也顯示，如果注意到自己的臉回看自己，就更難移開眼神。

在非洲塞倫蓋蒂，人類不會看到自己的臉——當然，看到水窪中的倒影是例外。但是在視訊交談中，就會看到自己的臉，也沒人會說這很自然。這就是重點。**視訊會議若沒把自己的臉擋住，溝通時就容易分心。**

應變措施

總括來說，視訊會議溝通的效率不高，很累人，品質不佳，不自然。但現在視訊會議已經出現了，也會繼續下去。也就是說，我們必須要有應變措施，好盡力減少視訊會議的缺點。

我的第一個建議，就是直截了當的處理視訊會議疲乏：**不要每次開會都開線上會議。**講電話沒那麼累，日常溝通偶爾可以通個電話。大家不妨考慮運用以下交替模式：開一場會議後，休息一下（去洗手間，吃東西，做點運動，只要任何能夠中斷會議的活動都可以）；下場會議就打電話，然後把這樣的模式套用到一天的行程。要是這個模式無法施行，要節省認知能量，就把視訊鏡頭關掉就好。甚至可以在線上會議邀請大家只開音訊，每個人都把鏡頭關掉，這樣子其實就是大型的電話會議。

我也建議，**要是會議一定要開鏡頭，那就調整開鏡頭的時間。**拜倫森表示，開會時，發言的人開鏡頭就好，其他人就聽音訊。他說，這樣做，就可以緩解視訊會議疲勞。

最後，我建議練習一些技巧，改善視訊會議期間的社交互動。我們討論過，由於資訊缺乏（或扭曲），在視訊會議中更容易出現誤解和錯誤詮釋。要澄清混淆之處，**有一個方法就是確定認知，也就是你重述剛剛聽到的資訊，詢問是否正確；就**

算有些尷尬，也沒關係。這樣的正式確認認知，能夠讓資訊更清晰，增進理解，甚至在實體會議中也適用。開視訊會議時，停下來確認自己確實了解討論內容，十分重要。

另外一個習慣，也該融入視訊會議當中，就是要大家都加入討論。如果有人在會議中保持靜默，不妨稍微把討論帶到沉默的那一方，關心一下，說：「我們好一段時間沒聽到你的聲音了，剛剛說的東西，你覺得怎麼樣呢？」然後，等待回覆。這個看來刻意的習慣，很快就會變得自然，但前提是要經常運用。

這些建議，目標都是要彌補視訊會議固有的不足之處。那麼，會議本身的結構問題呢？是否有一種組織設計能夠改善生產力？特別是現在的線上會議，因為視訊交談的不自然而窒礙難行，該怎麼辦呢？

可能有辦法。有個辦法有機會能夠提升生產力、效率、理解力，而且適用於視訊會議與實體會議。說也奇怪，這個設計是無心插柳柳成蔭，源自於一些最聰明的人。

磨課師的問題

這群「最聰明的人」，是麻省理工學院的教職員（後來幾乎慢慢延伸到整個高等教育界）。2010 年時，麻省理工學院的教職員大概是因為沉迷於數位學習的潛力，所以決定要把所有的課程都放到網路上。他們把這個數位成品稱做「磨課師」（Massive Open Online Courses, MOOCs，或譯「大規模開放式線上課程」）。

磨課師背後的理念很簡單：長久以來，只有少數學生能夠考進各國頂尖大學，持續向世界上最聰明的人學習；但有了這個平台，情況就得以顛覆，連考試都可以在線上舉行，上課所需就只有穩定的網路而已。

　　當時因為網路，許多機制都被顛覆了。磨課師問世，一樣振奮人心。接下來幾年間，許多大學都仿效麻省理工學院，各自打造自己的磨課師。

　　想當然爾，大家都好奇，磨課師是否成功。研究磨課師近十年之後，大家做出了判斷。2019 年，《科學》（*Science*）雜誌刊登一篇論文，標題很不祥，叫做〈MOOC 大轉彎。破壞性教育轉型到底出了什麼問題？〉（The MOOC Pivot. What happened to disruptive transformation of education?）。裡面寫的可不是什麼好話。研究人員發現，學生上過一堂磨課師，就幾乎不會再繼續上（秋天開始上磨課師的學生中，只有 7％下學期會上第二堂課）。研究人員檢視學生課業進度，發現更糟糕的情況：只有 44％的人做完第一份作業，不到 13％的人把課上完。

　　然而，還是有一絲希望。磨課師很幸運，很少有研究可以做得這麼完整，這些糟糕的消息，最終帶出更多細緻的發現。磨課師的研究人員發現，某些磨課師很能夠傳遞資訊，但前提是要符合一些規則。這些規則出人意料，並不照著傳統的授課範本走。有兩個最主要的成功元素：

一、**預習**：最成功的磨課師，教師會事先提供課程講義給
　　學生，之後再上線上課程。如此學生就能夠課前預習，
　　質疑論點，發現整理不清楚的地方。

二、**以討論取代授課**：預習之後，就可以開始上課，但老師不會滔滔不絕的講課，而是會帶領討論，讓學生經歷有系統的提問體驗。常見的問題能夠輕鬆獲得解答，又能夠建立即時互動的空間。最好的大學體驗不是「老師滔滔不絕的講」，而是「老師在一旁引導」。

磨課師和商業會議

磨課師成功的元素，是否能夠套用到商業世界呢？是否能夠套用到視訊會議上呢？我覺得可以，但遺憾的是，我說的是「我覺得」。在沒有經過嚴謹的、隨機對照的研究了解磨課師與視訊會議的相關性之前，我只能說：「我們可以從這些資料推斷……」

我推斷出來的東西可能顛覆傳統，**需要先行準備會議，接著要遵循三步驟的流程**。這個方法不只適用於視訊會議，也適用於未來的其他會議。

準備工作與認知有關。身為會議「統籌」，**首要之務就是清楚了解會議目標**，這是你認知上的目標聲明。把大小目標用文句寫下來，然後建立議程，記得要遵循一個原則：**所有的討論議題都不能偏離目標聲明，就像是課程綱要。**

若目標是要與會者得到能夠記住的重要資訊，排定議程時，最好遵循一些規則。人類大腦要提升保存資訊的能力，就要把資訊從概要到細節依序呈現（保存能力一般會增加 40％）。若是議題必須呈現試算表，就要跟與會者解釋試算表的重要性（概要），再給他們看試算表（細節）。**先呈現概括資訊，再呈現**

具體細節。

準備工作完成後，手邊就有一份清楚明瞭的文件，能夠支撐會議運行。我之後會把這份文件稱做「統籌議程」。

現在，來談到三個步驟的流程：

一、事先提供統籌議程

理想時間是開會前的一到兩天，隨著視覺輔助資料（像是投影片等）一起寄出。

二、要求與會人員會前閱讀資訊

與會人員應檢視會議資料，列出問題、意見、需要澄清之處，並在你提供的文件上標記。然後，把寫下來的東西，拿到視訊會議上討論。預先準備好心裡想要討論的事情。

三、開始視訊會議

開啟視訊會議時，有一項重要的改變：你不是在主持會議，而是在引導討論。你不是快速走過流程清單上的每一個點，而是要在線上會議的許可範圍內，盡心傾聽問題與疑慮。我在開線上課程時，會快速摘要重點，盡量言簡意賅，然後就把棒子交給聽眾，跟他們說：

「好了，下一段表演就由大家演出，有沒有問題呢？我要怎麼協助大家？」

尷尬幾分鐘後，無聊的磨課師就會開展成熱鬧的課程。大家都會專心，就算線上會議溝通的氛圍薄弱，也沒關係。

未來為什麼會在家工作

上一節談到視訊會議累人的原因，以及順利開會的方法，但還沒談到又新潮又受歡迎的工作模式：在家工作。

居家辦公室大概已經躋身商業世界的永久位置，我們很快就會討論到原因，然後再討論這些居家辦公室該長什麼樣子。行為神經學能夠設計居家辦公室，並提供厚實的理論基礎。首先，我們來看「永久」這個字。

COVID-19 疫情爆發期間，在家工作成為一項權宜之計。有些公司老闆很喜歡這個替代方案，鼓勵所有員工之後就一直遠距工作；有一些則很討厭遠距工作，等不及要恢復之前的工作模式，本章開頭的梅瑞爾就是這樣。大概要等好幾年，職場才會穩定下來，出現新的平衡——但老闆們在這段期間，還是會繼續爭論。

不幸的是，他們的看法得持保留態度，不管是否能夠成功擊敗冠狀病毒，還是有許多會造成大流行的病毒蓄勢待發。研究顯示，冠狀病毒非常容易突變，產生許多變異株，有許多傳染力都比原始病毒株還來得強，遍及全世界。全球化已經在全球經濟根深柢固，新的病毒傳播會更加快速。其實，自 1980 年代起，讓人擔憂的感染性微生物，數量就已經增加了兩倍。

有一些研究人員相信，在家工作會持續存在，是因為這樣的模式或許能夠節省金錢。疫情期間多多少少有一些在家工作的時間，這就代表至少有一些時間不進辦公室也可以。也就是說，不需要一大棟辦公室，也能夠辦理業務，這樣的想法很合理。啊！有些公司甚至不需要實體辦公室。有一篇發表在《哈

佛商業評論》的研究顯示，這樣可以節省家具和辦公空間成本，大約為每位員工省下 1 千 9 百美元。再計入交通費用，居家跨境辦公或許可省下大把鈔票。只要稍微了解試算表，就會樂翻天。

研究人員深信在家工作不可或缺的另一個原因，跟員工生產力有關。令人訝異的，疫情期間這部分的研究成果有好有壞。在某些嚴謹的調查中（由於疫情，很適合比較前測和後測的結果），多數公司表示生產力並未改變。

這些發現可能讓多數公司流口水。在家、在衣櫥、在別的房間工作，都有讓人信服的理由。也就是說，在家工作就跟負債累累的大學生一樣，不會很快消失。但會持續多久，要好幾年後才會知道。

定義執行功能

居家辦公室該長成什麼樣子？要怎麼在家工作？神經學是否派得上用場？

或許有用喔！要是居家辦公室設計不當，原因往往是不夠在意「執行功能」（executive function）這個認知小工具。我們需要先花個幾分鐘，定義一下執行功能，再深入探討居家辦公室的樣貌與氛圍。

我們從電影《搶救雷恩大兵》（*Saving Private Ryan*）的一幕開始。電影中關鍵的一幕，呈現出最實際的戰場畫面（有些退伍軍人在電影開始後三十分鐘，就受不了跑出放映廳）。電影中，湯姆・漢克的角色是美國陸軍上尉。我們透過他的眼睛

看到戰場，他感到懼怕。有一幕還在奧馬哈海灘上，拖著被炸成一半的屍體。但他審視自己的衝動，評估情勢，找尋能夠合作的對象，然後開始大聲下令。他身處烽火之間，攻擊德國砲台，最終占領目標並且完成任務。

湯姆‧漢克演的不是超人（他在第一幕要登陸時，手在顫抖）。那個角色的特色就是穩健的執行功能。在這部片中，大概是以最有力、最可怕的方式呈現出來。

執行功能往往粗略定義成「把事情做完」的行為。用更科學的方式解釋，則包含兩組行為：**一是情緒調控**，這類的調控包括控制衝動等行為，研究人員稱為「抑制」。雖說湯姆‧漢克的身體裡每顆細胞都想躲起來，但他還是衝鋒陷陣，這就是最好的情緒調控範例。**第二組行為叫做認知控制**，包括設定目標、獨立規畫、提供架構，不太需要他人協助。認知控制也包括專注力、分心後再專心等能力（注意力不足及過動症患者往往缺乏這個認知工具）。認知控制讓大腦能夠把雜亂的資訊，整理成能管理、有條理的結構，通常要遵從概要到細節的階層排列。

在家工作要順利，就需要執行功能工具箱內的一些工具。說也奇怪，居家辦公室的實體設計，有助於加強這些工具的功效（也能夠提高會議效率）。我們會先從居家辦公室的設計建議開始，然後再討論大家該如何在家工作。

交易空間

第一個建議可能最難達成。**在家工作時，要能控制生產力，**

就要建立工作專區。這個工作專區只用於工作，不會做其他事。理想上是門可以關上的房間，以下討論的前提就是在這樣的空間中辦公。我知道，某些人家裡無法建立這樣的空間。要是無法把一整個房間拿來當辦公室，那就把家裡的一塊區域白天拿來辦公，當作替代方案。可以是衣櫥、餐桌上的一處、一個安靜的角落。

為什麼要有一個專用的空間？樂天派的在家工作相關文獻，通常會強調要打造心理界線。因為我們在同一個地方，從事愈來愈多不同的活動，這些活動的界線就愈來愈不清楚了。研究顯示，如此一來可能會造成心理問題。主要的影響是失去工作和生活平衡的界線，其中很大一部分涉及一個叫做「自我複雜性理論」（self-complexity theory）的概念。該理論檢視情境對於個人多重社會角色的影響。

研究人員發現，要維持健康，人類需要許多社交場景與情境。這些場景與情境都需要被區分開來；一旦界線消失，並不健康。研究人員彼崔格里利（Gianpiero Petriglieri）是這麼說的：

想像自己走進一間酒吧，你在裡面跟教授談話，跟雙親見面，或跟人約會。這樣很怪吧？

缺乏界線不只奇怪，還可能造成不穩定。要是不能把工作與家庭分開，很有可能就會筋疲力盡，比較容易得到特定情感疾病（像是憂鬱和焦慮），原因僅僅只是社會角色的界線愈來愈難管理。

彼崔格里利指出，多數人的社會角色，理應在不同地點出

現。把一部分的起居空間拿來工作，有助於我們進入「工作模式」。這個心態能夠引導出專心工作的行為和活動（反之，就是「居家模式」，這時候就脫掉工作裝束，專注於家事吧）。

「模式」是一個模稜兩可的詞，但我認為其核心概念的基礎，完全是嚴謹的行為科學。多年前，研究人員巴德利（Alan Baddeley）發現一個現象，叫做「情境依賴學習」（context-dependent learning）。他要求受試者背下一些東西，通常是一些字，並且讓受試者待在一個特定的實體空間。幾小時、幾天、幾週之後，他請受試者回想這些字。他發現，受試者處在原本背單字的空間中，回想資訊的能力最佳。他使用許多情境做過實驗，其中包括穿著潛水裝，邊潛水邊背單字！

結果發現，大腦在記錄智力活動發生的物理環境方面非常擅長。大腦以此來幫助回憶在該空間中預期進行的活動。這個效果非常有用，已經應用於睡眠研究中。要是你有睡眠障礙，研究人員建議你安排睡覺專用的房間，裡面就只能睡覺，不能做其他事。一旦進入那個空間，大腦就會對自己說：「喔，這就是我平常睡覺的地方，所以我會昏昏欲睡。」這個技巧非常有用，適用於有長期睡眠障礙的人，或許也適用於需要加強在家工作效率的人。

情境依賴學習具有其他優點。舉例來說，建立專屬空間後，就能夠減少讓人分心的事物。在單一用途的空間中，下班後，就可以把東西放著；隔天回來，東西就在原位。

建立居家工作室對於改善會議，有什麼幫助呢？大家應該還記得，視訊會議會對大腦造成人工壓力。關起門來，專心因應不甚理想的資訊，這點就很重要。既然專注力是執行功能的

一部分，這時就該運用一個認知小工具，好讓你在視訊會議上提升生產力。

排程控制

第一個在家工作的建議，是建立專屬工作空間。**第二個則是回答以下問題：坐好後該做什麼？**這個問題很難回答，但答案其實很簡單，兩句話就說完了：**擬定時程，按部就班。**

學界正式稱之為「排程控制」（schedule control），這與另一種研究「工作控制」（job control）、或稱工作方式的研究形成對比。雖說工作方式很難說清楚（但之後會討論），排程控制卻非如此。只要建立待辦清單，上面通常寫滿任務。例如，我會在這個時間做這件事，處理時間為多少分鐘。這個清單跟試算表一樣無聊乏味，但一樣重要。

我知道，排程控制的想法，很難符合亂糟糟的生活現狀。而且，任務不一定能以剛剛好、可預測的完整時間執行。在家工作正是如此，沒有同事打擾，家人就來打擾。但是不管多難，都一定要設法控制。

有一個好方法，就是把目標拆解成容易達成的小目標。這個策略是拉莫特（Anne Lamot）寫書時會採用的策略，她小時候就養成這個習慣。她在《一隻鳥接著一隻鳥寫就對了》（*Bird by Bird*）書中提到，弟弟有一次想寫一本鳥類專書，他研究了許多鳥類，卻無所適從，就哭了起來。他們的父親走過來，告訴他：「一隻鳥接著一隻鳥寫就對了。一隻一隻來。」把任務切分成很多的「小作業」，就可以把整份專案切成能夠處理的

很多小任務。任務規模再大，仍然可以好好依序消化。

　　研究顯示，要是不掌控排程，生產力就會下降。毫不意外，神經學能夠解釋原因。原因就是負面壓力與執行功能之間的愛恨情仇。之後的章節會再更詳細討論負面壓力。對多數人而言，造成負面壓力的不是不理想的環境，而是無法控制這樣的環境。**失控的感覺愈深刻，就愈可能感受到負面壓力。**

　　為什麼這點那麼重要呢？研究顯示，負面壓力可能最終會侵蝕許多執行功能工具箱中的小工具。絕大多數具生產力排程的活動中，都會用到執行功能，這些能力包括：規劃、監督、專心／分心／再專心、衝動控制等。建立、維持這些功能的腦部區域，會因為負面壓力而受到傷害。我們甚至已經知道，造成傷害的是哪些激素。

　　所以，你愈能掌控排程，就愈不會感受到負面壓力；反過來說，愈無法掌握，就愈可能感到壓力，導致你搭上地獄列車。這樣源自於排程掌控不足的負面壓力，會限制執行功能，也就是原本能讓你平安度過一天的工具。

　　解決方案很簡單，但很重要，所以我要再說一遍：**擬訂時程，按部就班。**

拖延

　　拖延與我們前面所討論的會議，兩者的關係不言自明。如果你按著時程走，就能夠把視訊會議排入特定時段，包括設定會議起迄時間等參數。**如果能夠按部就班，就比較有可能更具生產力，避免加班。**

但這個律己甚嚴的方法是有敵人的，其中最大的，與排定時間的會議無關，甚至與其他人也沒有關係，而是與自己有關。特別是如果自己深受商界最害怕的字所苦——拖延。問題就出在你自己身上。

拖延可以看成是一場生產力的戰爭。需要做的事情，跟想要做的事情打仗。結局很不尋常，通常會以失敗收場。

研究人員探討過拖延，發現拖延不是因為不自制；但多數拖延的人，卻不這麼想。**造成拖延的，是為了避免負面情緒所做出來的反應**。如果你習慣避開惱人的事，可能就會一直與拖延同行。要是你覺得這聽起來像是無法控制的衝動，也就是缺少執行功能兩大元素的其中一種，的確是這樣沒錯。

拖延會影響執行功能，所以大家一定要改變處理負面感受的方式，才能擊敗拖延。對大腦來說，處理負面情緒，一定需要額外的能量。但研究顯示，拖延比較會出現在沒有活力的時候。多數人一天當中，下午比較沒活力。真是如此，**就不要把不想做的事情，拖到最沒有活力的時候做**。如果你認為有件事情很難辦，就把這件事情排在你最精力充沛的時候做。多數人精力充沛的時候是早上，不然就是喝完第八杯咖啡以後。

另外，也應該在一天當中，注入更多精力，執行一些活動，好加強執行能力中的衝動控制。這點知難行易，但神經學家真的知道該怎麼做。研究人員指出，要增加生產力，就要減少工作時間。證據顯示，**一天當中的某些時段，你該小睡一下，然後跑步一下**。

單車與床鋪

　　研究上其實不在乎睡覺與跑步的順序，也就是說，這兩種活動，每天都需要。兩者都能改善大腦功能，特別是大腦執行功能，所以能協助大家度過遠距會議的諸多挑戰。

　　運動應該要是有氧運動，每天半小時，最好是出門跑步半小時。為什麼？只要經常做有氧運動，幾乎每個能夠被測量的執行功能元素都能獲得改善，而且不管年齡，都能夠看到改善。有一項研究的調查對象確實遇到挑戰，他們罹患輕微的認知損傷。這個研究顯示，運動能夠改善短期記憶，也就是其中一個執行功能的關鍵元素，而且一年後可以大幅改善 47％。我們甚至知道，應該在下午三點以前安排運動，才能提升執行功能，而且才能一夜好眠。

　　睡覺又是工作日應該要有的另一項好習慣。研究具體指出，下午最可能昏昏欲睡時，不妨小睡片刻，執行方式跟吃午餐一樣規律。先前任職於美國太空總署（NASA）的羅斯金（Mark Rosekind）表示，定期午睡的人，綜合認知能力改善 34％。午睡的優點包山包海，像是改善心血管功能，增進執行功能，特別是認知彈性／專注力等元素。

　　午睡平均不該超過 30 分鐘，多數人的理想午睡時間是下午兩點到三點間。**要注意，我說的是多數人。**午睡時間有許多差異，所以研究睡眠的梅德尼克（Sara Mednick）開發出睡眠計算機，在《你今天小睡了嗎？》（*Take a Nap, Change Your Life*）一書當中可以找到。

　　總體來說，這些資料顯示，要是想克服遠距會議本身的缺

點，就要改善執行功能。方法就是建立一個穩定、目標明確的架構，包括短跑、小睡、小任務。

　　這些建議可能看起來很奇怪，但是辦公室的設計一直無法滿足人類大腦的運作需求，因此無法用來改善執行功能。證據很明確，在家工作要順利，套句老話就是：**要聰明工作，而不是努力工作**。說也奇怪，要增加生產力，就要減少工作時間。

- **線上會議的工作法：**
  1. 線上會議時，把螢幕上自己的臉擋住，別讓自己看到。
  2. 線上會議若一定要開鏡頭，那就調整開鏡頭的時間。開會時，發言的人開鏡頭就好，其他人可聽音訊進行。
- **避免線上會議出現誤解，方法有二：**
  1. 重述剛剛聽到的資訊，詢問是否正確。
  2. 讓大家都加入討論。
- **讓線上會議有效率的三流程：**1. 事先提供統籌議程；2. 要求與會人員會前閱讀資訊，先準備要討論的內容；3. 開始線上會議。
- **提高在家工作生產力的方法：**1. 設置工作專區；2. 擬定時程，按部就班；3. 解決拖延，就把不想做的事情排在最有活力的時候做；4. 安排運動與午睡，運動最好在下午三點前完成，午睡不超過三十分鐘。

3 大腦喜歡住在大自然裡

大腦這樣想：

在辦公場所加入大自然元素。

我必須先坦白一件事，再討論這章的守則。我很崇拜哈佛生物學家威爾森（E. O. Wilson）。這個章節的主題，與自然界對於人類行為的影響有關，多少也跟我崇拜他的原因有關。

威爾森不算是科學界的英雄，他說話慢慢的，帶著一點南阿拉巴馬州的口音，幾乎就是科學界的羅傑斯先生（編按：Mr. Rogers；美國電視節目主持人，其風格為節奏緩慢）。他的研究大多數出自觀察——很不尋常，因為他有一隻眼睛九歲時失明了。他的視力不好，所以得貼近小小的事物去看，而且正好贏得美名。許多人認為他是研究螞蟻的權威。

但我對他的英雄式崇拜，原因並不是他在昆蟲生物學上被公認的重要貢獻，也不是因為我的研究領域。我跟他的研究領域，距離就像是波士頓和西雅圖。我崇拜他，是因為他對於人類行為的見解，一直以來都既獨特又有力。

威爾森很好奇，大自然對於人類日常行為的影響，他大幅提倡「親生命」一詞，也就是喜愛生命的意思。這個字由哲學家佛洛姆（Erich Fromm）提出。佛洛姆以心理角度切入，解釋

現有的人類行為；威爾森則將這個詞套用到人類演化之旅。威爾森這麼描述親生命力量的驅動引擎：

> 人類生來就必須與自然界接觸，大家要過完整健康的生活，就一定要接觸大自然。

這個章節探討的是工作場所，所以我們的重點會放在辦公大樓和會議室，以及疫情後對於前述地點的大量審視。是否要回歸一般辦公室呢？多數人是否應該要能夠在家工作呢？是否兩種形式要混合執行呢？在辦公室工作的想法，在美國商業界原本是鐵律，但在 2020 ～ 2021 年間大幅鬆動，藉機顛覆「辦公室」的概念。

之後我們會看到，疫情前的資料還是有效。下一節的前半部會探討，人類在實體辦公室中傾向出現的反應；後半部則會討論威爾森「健康生活」的概念。我們會討論，要是設計辦公空間時，忽視達爾文的演化論，會發生什麼事？也會分析把一些戶外的元素融入室內，會發生什麼事？大家將了解，未來的辦公室設計師要是能夠想像在東非建立工作地點，而且在那裡工作了近六萬個世紀，就有可能設計出較合適的辦公空間。

環境敏感度

上一句話我應該要再解釋一下。演化生物學家說，現代人類的演化在六百萬到九百萬年前開始，當時我們與大猩猩愈走愈遠，踏上前往熠熠生輝的城市與所得稅的道路。現代文明其

實不久前才出現，我們面臨一個有趣且令人不安的數字：人類這個物種在地球上存活的時間，99.987％是在由自然元素組成的環境中生活。大大、肥肥又聰明的大腦，演化的條件適合在草原上生活，而不是卡在車陣中。親生命派的人主張，我們生活在文明中的時間不夠久，無法脫離演化的影響，所以我們還是比較喜歡自然界的東西。

這些想法部分經得起考驗，之後可以看到一些資料。但是，要記得一些重要的元素，其中一個與特定種類的神經敏感度有關。六百萬年的演化之旅途中，有些時候氣候變得非常不穩定，我們必須盡力適應不穩定的氣候，就跟學習害怕蛇一樣，我們變得對於變動非常敏感。

這個敏感度非常厲害，源自於大腦裡的小小神經迴路。前面提過，每次學習新東西，神經迴路都會重新塑造。新的連結確實會建立，電氣關係會改變，神經迴路會強化、也會弱化；甚至你在讀這個句子的時候，神經迴路就在重塑。

這個敏感度是內建能力，用來驅動適應力，但也搭載奇怪的行為後果——忽視。剛出生時，我們幾乎完全不了解這點，也就代表我們每件事都要學。要是對於忽視的結果不敏感，學不到教訓，就會死掉。

並非所有生物天生的學習曲線就這麼陡峭。舉例來說，牛羚寶寶出生幾個小時之後，就準備好可以跑過非洲的塞倫蓋蒂草原。但人類生下來花了幾乎一年，才能夠走在平坦的陸地上，而且腳步還很踉蹌。但我們活了下來，適應草地，解決相關問題，也在聳天高的東非大裂谷中存活下來。敏感度不夠，無法適應坦尚尼亞遊戲區的人，很快就死掉了。

大家可以觀察我們精細調校的敏感度，而且不必花上幾百萬年，實驗就可以完成。想想看，行為科學家所謂的「促發」（priming）。有一個經典的實驗，受試者會先讀「攻擊」的同義詞，然後再閱讀（或觀看影片）。雖然書中角色展現出中性或灰色地帶的行為，但受試者評估這些中性行為時，他們的遣詞用字卻不夠中性，甚至會選擇與攻擊相關的字眼。因為他們的大腦夠敏感，外部環境能夠促發未來的反應。若一開始讀的是「和善」的同義詞，也可以看到類似的、但往相反方向發展的改變，每個人都變得很和善。

　　我們的大腦對於外界環境非常敏感，而且傾向於適應外界環境，研究人員沒花多少時間就觀察到其適應的情形。要是我們對於周遭環境這麼敏感，甚至會改變遣詞用字，那麼六萬個世紀以來對我們造成了哪些影響呢？如果你是威爾森，可能會認為，這些時間的影響很大。這時候應該來看看「很大」是什麼意思？

改變與壓力

　　威爾森相信，**大腦喜歡大自然的元素**。但我們的大腦也能夠建立城市，而且城市一點也不自然。我們適應變動的能力，是否比天生的偏好還要強呢？是「有點」強。我們真的可以適應變動，但是演化的力量夠大，讓我們能夠感受到變動造成的干擾，有時候還會很不舒服。

　　壓力就是絕佳的例子。在適當的情境底下，壓力反應與採集漁獵的內心是好朋友。像是獅子等威脅出現的時候，心臟就

會大力跳動，呼吸變快，感官變得更敏銳，許多力量會用在將血液打入大腿中，好讓你能夠全速逃脫。這個反應有時稱做「戰鬥或逃跑反應」。

如果你能夠看到其他人的腦部，觀察他們遇到壓力時的反應，就會發現「警覺網路」（salience network）變得過度活化。這組神經網路能夠督促大家離開現場，逃離壞人。大家可以把活化的警覺網路當成警示燈，負責傳送訊息，觸發生理反應：心臟大力跳動、呼吸急促、感官變得較銳利等。觀察力強的人也會發現，這個活化的程度極度特定。

有趣的是，壓力反應自備管理員，他們會問：「現在是否可以關機呢？」這個問題幾乎在出現威脅反應的同時就會浮現。最強煞車手是誰？就是用來督導壓力反應的壓力激素！其中一種是「皮質醇」（cortisol），它是「負回饋迴路」（negative feedback loop）的一項元素。一旦警示燈亮起，皮質醇就會馬上問大腦，什麼時候能平復？解決問題就從源頭開始。

原因很簡單：壓力反應很消耗能量，所以如果太超過，整個系統就岌岌可危。所以研究人員相信，多數威脅反應的目標是要解決短期問題。獅子不是把你吃掉，就是你逃跑了，但是這樣的威脅只會持續幾分鐘，不會持續好幾年。

然而，我們遇到大問題了，現代人面臨的威脅會持續好幾年。大家身處 21 世紀，可能會深陷於討厭的工作中數十年，或者是卡在一段討厭的關係中數十年。

就算你熱愛工作，有些工作的壓力很大，仍會導致心血管損傷，免疫系統也會受損，也就是你會一直生病。大家很容易會過度逼迫這個系統，而且還不只一次，是一次又一次。紅燈

只會在緊急情況時亮起，但不會持續亮好幾個小時、好幾天，也不會亮好幾年。

紅燈停，綠燈行

這樣重複出現壓力的模式，在現代很常見，甚至替自己贏得了名字。**研究人員用「角色超載」（role overload）一詞，描述日常塞滿幾乎做不完的事情。換句話說，就是工作太多。「過勞」也是一個正式名詞，原因就是長期的角色超載。**這表示大腦舉起白旗，躲起來大哭一場。要是真的過勞，這一哭就會哭好幾年，讓人心碎。

角色超載或過勞都屬於心理疲勞（有時稱為認知疲勞），而心理疲勞則包山包海。長期壓力一旦耗盡你的心力，工作量能就岌岌可危了，犯錯機率會上升，也會頻繁缺勤。人會變得喜怒無常，不開心。個性會傷害到你遇見的人，憂鬱和焦慮的風險大幅攀升。

心理疲勞的影響很大，我們可以從腦部非侵入式造影技術看到。造影時，可以看到大腦在崩潰前的樣子：過度活化的大紅亮點，突然出現在額頭後方（前額葉皮質），然後大腦就關機了。影像看起來就像是堪薩斯州天氣預報中最糟糕的龍捲風警報，但堪薩斯州當然不在頭顱裡。如果這個情形持續太久，長久的壓力就會造成實際的腦部損傷。殺死腦細胞的元兇，就是原本要保護你的壓力激素。壓力過大，導致過載。

這顯然是一個壞消息。有沒有好消息呢？是否有角色超載和過勞的解藥呢？腦部經歷殘酷的心理疲勞轟炸時，科學家能

夠造影；那麼，他們能不能在腦部感到輕鬆時造影呢？

這三個問題的答案都是肯定的。好消息是有解藥！大腦放鬆時，研究人員觀察到幾件事情，其中一個出乎意料。首先，大家平靜下來時，大腦中有許多調控壓力的區域不會活化——這點應該眾所皆知。但是大腦開始休息時，會出現一些出乎意料的事情，某些相關聯的區域，活動量反而突然變高。這些區域組成的神經聯盟，稱為「預設模式網路」（default mode network, DMN）。這些區域位於額頭正後方（內側額葉皮質），以及靠近腦部中央（後扣帶皮層），它們是預設模式網路的主要部分。

諷刺的是，當你冷靜放鬆的時候，就是你最被動的時候。沒有什麼事可做，預設模式網路就會開始運作（在非常專注時，你反倒要積極抑制它）。這種解壓的行為將你帶入一種間接注意的狀態，一種低度覺醒的狀態，通常稱為「柔性魅力」（soft fascination），這時會有慵懶的感受，就像是看著雲朵慢慢從空中飄過，又或者像是在水族館欣賞魚兒悠游的感覺。用「神遊」這個大家比較熟悉的詞，你大概會比較了解是什麼感覺。

不管名稱是什麼，這個狀態下的大腦並沒有持續專注在一件事情上，而是會受到預設模式網路的影響散焦，受令人神遊、昏昏欲睡的電波節奏影響。

有關預設模式網路的研究愈來愈透徹。研究人員發現，「任務負向反應」（task-negative responses）誘導特定種類的創意和發想產生，這個行為現在被稱為「任務正向行為」（task positive behaviors）。大家之後在這個章節會發現，要點燃創意，最好的方法，就是盯著金魚看。

這件事很重要，對於依賴創意輸出的公司來說，又更重要了。心理疲勞的解藥不只是要關掉警覺網路因為壓力、角色超載、過勞而產生的紅色警報，還要開啟冷靜、讓人神清氣爽的綠色預設模式網路，然後悠哉的欣賞四周。

注意力恢復理論

預設模式網路與警覺網路是死敵，但兩者並非並駕齊驅。只要出現戰鬥（或逃跑），警覺網路一定會勝出。要是你把預設模式網路當成讓人神清氣爽的綠燈，警覺網路的任務就是伸出強大的神經手指，把預設模式網路關掉。

所以有個大哉問就是：要怎麼讓行程滿檔、壓力過大的大腦，再度把預設模式網路打開？有沒有一套證實有效的流程可以應用，讓人重新安排工作呢？重新安排生活？重新安排各個情境？

大家大概已經猜到答案了，很接近剛剛前述螞蟻生物學家的看法。已故的卡普蘭（Stephen Kaplan）是研究心理學家，他採納威爾森的建議，把親生命的特性，變成經得起測試的想法，創造出「注意力恢復理論」。簡單來說，花時間待在比較接近莽原的環境，而不是摩天大樓中，就足以恢復大腦的平衡。有位研究人員如此說明注意力恢復理論的中心原則：

造成專注力耗損的心理疲勞，或許可以花點時間在充滿自然刺激物的環境中消弭。

這個想法有許多證據支持，哈佛人數不少的親生命派學者也都予以聲援。你彷彿可以聽到威爾森牧師大喊：「阿門！」

來自醫院的證據

注意力恢復理論的系統性實驗中，有一個是來自於病房。研究人員發現，開完刀的病人，如果從病房能夠看到樹，復原速度會比較快，而且復原期間的脾氣也比較好。有些正式的數據也支持這件趣事。外科病人在開完刀後，如果能夠看到自然環境，使用的止痛藥劑量，比盯著牆壁的病人來得少，也比較不需要護理人員的情感支持。各地醫院的行政人員也很開心，這些病人能夠提早一天出院。即使考量到年齡、性別、與特定醫護接觸等因素，這個方法依然有效。

主要負責這個研究的烏爾里希（Roger Ulrich）最終登上《大西洋》（*The Atlantic*）雜誌，他在文章談到：

能夠看到自然景觀的人，比盯著牆壁看的人，情況好上四倍。

沒錯，就是四倍。

我把這樣的發現稱做「方向舵研究」（rudder research），意思是雖然這類研究的主題並不大（從窗戶看出去的樹木？），但能夠引導大型研究駛入未知的水域。

事情就是這樣展開的。研究人員開始研究其他自然現象，像是自然採光，結果發現跟樹木產生的影響差不多。自然採光

充足的房間，能夠改善背部手術病患術後復原時間（止痛藥降低 22%，醫療成本節省 21%）；心臟手術的病人如果待在無日照的加護病房，比起待在採光充足病房的病人，平均住院時間多出 43%。自然光甚至對於加護病房的死亡率也有影響，住在採光充足病房的男性病患，死亡率是 4.7%，採光不足的病房則為 10.3%，差距超過一倍。

樹木和天然採光能夠改變人與壓力的關係，即是身處最嚴峻、最不舒服的環境，也是一樣的。這點不僅適用於外科病房，精神科醫師早就知道，光照會影響心情，就算深受情緒困擾，自然界的影響還是很大。各位可以閱讀標題為〈陽光充足的病房加速重度與難治型憂鬱症康復〉（Sunny Hospital Rooms Expedite Recovery from Severe and Refractory Depressions）的文章，這就是一個例子。甚至，連光照種類都會影響復原情況。躁鬱症患者住在面向東方的病房（病人能夠直接看到日出的陽光），與住在朝西病房的病人相比（病人看到的是日落），平均住院天數少 3.7 天。

大腦真的、真的、真的很想要待在戶外，這點真的、真的、真的對醫院設計有很大的影響。自然界擅長緩解壓力，甚至可以改變人與止痛藥、死亡之間的關係。

更多來自自然界的證據

醫療上的證據如此站得住腳，但這些研究是否適用於非醫療企業呢？畢竟我們多數人、大多數的時間不是待在醫院。美妙的戶外減壓效果，對於習慣待在美妙室內的人，是否也能夠

應用呢？答案是——可以。非洲塞倫蓋蒂的吸引力很大，使得我們在從事各式室內活動時，還是能夠把我們哄到戶外玩樂。

上工前，先從客廳開始。荷蘭的研究團隊發現，居家附近有自然環境的話，起床時心理壓力比較低，憂鬱症、偏頭痛、心臟病較少。而且奇怪的是，也比較沒有過敏。「附近」指的是距離綠地約三公里內。英國的研究人員也注意到類似的心理健康優點，而且已經考量過工作穩定度、年薪、教育（他們研究的一萬人，當時已經住在當地十八年了）。《國家地理》雜誌刊登過規模更大的國際研究，其中涉及經濟問題。研究顯示，居住在綠地所帶來的健康優點，相當於加薪兩萬美元。

但是我說的「綠色空間」是什麼呢？哪些元素組成綠色空間，才對我們的身心有益呢？我想從討論「綠色」這個顏色，擴大到對於綠色世界的討論。即使我要談的電影幾乎一點綠意都沒有，除了一個短暫而輝煌的時刻。

討論綠色，是在討論什麼

「我能不能煮飯？」（"Can I cook or can't I?"）

這句話其實是電影台詞。最性感的演員貝施（Bibi Besch）在《星艦迷航記 II：星戰大怒吼》（*Star Trek II: The Wrath of Kahn*）中，向寇克（James T.Kirk）艦長這麼說。她飾演的馬可士博士（Dr. Carol Marcus）個性純樸，她發明了「創世紀」，這台機器能夠從了無生氣的岩石當中變出伊甸園。她在展現這台機器的成果前，是這麼描述的：蓊鬱的叢林、蕾絲般的瀑布、懸崖、涓涓細流、波光粼粼的湖泊、一道光源。以 1982 年這時

候的特效來說，視覺效果很驚人，寇克艦長為之著迷——我當時也是。多年後，我把這個運用在研究所的課堂中，現在甚至寫在書裡。

我為什麼要一直用這個故事？這個畫面就跟許多優秀的科幻小說一樣，揭示了未來。馬可士博士的花園體現 21 世紀的親生命性，雖然她穿的是 23 世紀的衣服。花園裡面有各式各樣的綠色元素，現在已知能夠改善人體健康。我們知道這些綠色元素能夠增進健康，因為研究團隊一直在全世界研究親生命性的各個面向，距今已超過十年。

第一個親生命性的實驗，探討的是走過森林時你的行為會怎麼樣，然後再與你走過都市場景時的行為比較。英國的研究團隊發現，要是你走入樹林，就算時間很短，行為就會開始改變；至於多短，之後我們會再討論。研究人員運用的心理計量測驗稱做「心情指數」（Moodiness Index），目標是測量森林和城市的效果。科學家使用這個指數測量張力、憤怒、困惑、憂鬱、疲勞。他們發現，在森林裡散步的受試者，所有的負面感受都減緩了。要是散步路徑附近有水的話，像是小溪或瀑布，效果又會加倍。研究人員甚至替這樣的活動取名，叫做「綠色運動」。有醫療專業人員敦促英國國民保健署開立這樣的治療方法，就像是開立阿斯匹靈的處方箋一樣。

研究類似主題的團隊，在地球的另外一端（日本千葉大學）也有同樣的發現。走過日本的森林，跟走過日本的城市相比，壓力激素（皮質醇）的量會降低 12%，神經系統的活動量會降低 7%，心跳速度會降低 6%。另外，某項英國的研究也一樣，憂鬱程度會變低。他們替這個運動取的名字更好，叫做「森林

浴」。

美國的研究團隊也做出一樣的結果，有支團隊甚至探討的是散步路徑中，樹冠顏色（橘色、黃色、綠色）的差異。每種色素都能夠讓人心平氣和，但是最有效的是綠色樹冠。這個消弭壓力的效果還不小，從皮膚導電反應（即時量化壓力的方式）就能夠看得出結果。綠色樹冠的減壓效果，是黃色樹冠的270％。

我覺得馬可士博士也會同意這些研究人員的成果，畢竟她厲害的不只是煮飯、做菜而已。

綠色生理學

自然界，特別是綠色植物，好像能夠安撫人心，就像是厲害的心理治療師一樣。但接受諮商的是身體哪個部分呢？綠色撫慰人心的效果，某些與副交感神經系統有關。要了解其中機制，就必須先了解一下這個神經系統。

我們可以把蔓延全身的多數神經電氣傳導系統，區分成不同的特定系統，就像是俄羅斯娃娃一樣。最大的兩個分支是中央神經系統（就是脊柱和腦部），另外一個則是邊緣系統（中央神經系統以外的其他部分）。邊緣系統本身可以分成體神經系統與自律神經系統兩個部分。自律神經系統又可以分成交感神經和副交感神經（懂了吧？就是俄羅斯娃娃！）。

都懂了嗎？

之前提到戰鬥或逃跑反應時，我在說的就是刺激交感神經系統，但當時我沒提到副交感神經系統，這個系統負責讓人

更開心的體驗，也就是刺激之後的緩和。副交感神經負責的工作，有時稱為「休養生息」。監督這兩個系統的是警覺網路，也就是之前提過可以因應威脅的神經元。

　　科學家認為，森林浴能夠觸發交感神經系統和副交感神經系統。接觸自然元素，能夠降低壓力激素——先前談過的日本研究首次提到這點。這個反應代表，樹木會叫你的交感神經系統「閉嘴」。大自然同時會發送更和善、更柔的訊息給副交感神經系統，說：「開始工作。」森林浴會讓身體開始儲存能量，而不是消耗能量。血管會開始放鬆（擴張），心跳會變慢，消化功能變強（所以才能夠補充能量）。做過森林浴的人表示，自己經過休息，神清氣爽，就跟其他副交感神經的刺激效果一樣。

　　森林浴的正面效果，從復原時間就可以看得出來；也就是說，身體經歷壓力過後，恢復平和的速度就說明了一切。從皮膚上的汗量，到胸腔裡心臟的跳動速度，都可以看出自然界開開心心的在縮短你的復原時間。就算是中央神經系統，也就是組成腦部和脊椎的神經系統，在這個舒心的過程中，也會獲得舒緩。看到樹木，血液就會流往特定的大腦區域（楔前葉、島葉、前扣帶迴），這些區域就跟同理行為、自我意識、善意等有關。血液也會離開控制強力激情、情緒反應、情緒反應記憶的區域（也就是杏仁核與海馬迴）。

綠色的重要性

　　既然森林浴的效果就跟泡泡浴一樣能夠安定人心，顯然也

能夠應用於職場設計，特別是高壓職業的工作場所。老闆在下週一馬上打造舒心的綠色辦公室，可能是認知神經學對於職場最明確的建議。有趣的是，**我說的綠色環境，真的就是綠色的**（波長介於 556 奈米上下）。回想一下樹冠的資料，以及綠色跟其他顏色相比的舒壓效果。

現在我們手中的證據更詳細了，其中一個很有趣的細節，就是不需要在美好的戶外散步，在美好的室內走走，也能夠舒壓，但前提是要在室內有綠意的地方。

意思是要在辦公室裡種植物嗎？沒錯。要接觸可愛的綠色，看辦公室後方的植物就可以了，非常實際。在綠意盎然的辦公室中工作的人，生產力與控制組相比，增加 15%，而且也比較不累；更奇怪的是，也比較不常生病。研究人員知道原因：因為這些植物會產生氣體。

植物會排放出揮發性的油脂和氣體，有些可以聞得到（能不能回想一下森林的味道？那些就是揮發性氣體的味道）。科學家分離出「芬多精」這種氣體，他們研究芬多精的實際作用研究了幾十年，成效斐然。有關芬多精的研究顯示，它能夠強化免疫系統的一種細胞，這種細胞的名稱很邪惡，叫作「自然殺手細胞」。這類細胞的名字聽起來可怕，其實多多益善──自然殺手細胞的目標是病毒和腫瘤。

綠色的加強效果並不小。如果辦公室有植物的話，自然殺手細胞會增加 20%；要是能夠到室外吸收芬多精，則可以大幅增加 40%，這個數量還能維持一週。就算過了三十天，數量還是比對照組多出 15%。雖說實驗使用的是絲柏和其油脂，但其他多數植物製造的產品，也能夠增強免疫力。意思是，**多數辦**

公室應該都要種植物，而且要種很多。我們甚至可以合理的說，多數辦公室都應該要長得像是室內植物園。

綠色光和藍色光也是自然光

綠色除了能夠加強免疫系統外，也能夠安撫人心，還能夠讓人像放大鏡一樣聚焦。這類的作用取決於劑量，也就是說，每單位時間到達眼睛的綠光愈多，人愈能專心。這個效果甚至大到能夠改變一個無法專心做任何事的族群，也就是注意力不足、過動症的年輕人。

從達爾文演化論與顏色的關係看來，這不足為奇。非洲莽原原本就不是綠意盎然的地方，水分也不如雨林那麼多，除了某些季節外。所以，只要突然看到罕見的綠意盎然，就會讓人很開心，代表附近有蘊含生機的水源。研究團隊猜測，要是我們的祖先能夠了解綠色植物的好處，就比較能多活一天，或至少多活一下。人類學到尋找綠色植物的重要性，原因可能是因為我們往往要解決口渴的問題。

住處附近有綠色事物的效果非常強大，但不只有綠色能夠促進明顯的行為改變，想想看藍色（波長為 470 奈米以上）。我們很久以前就知道，藍色能夠讓大腦保持警覺和興奮，甚至也了解原因。藍光會抑制促進睡眠的褪黑激素，看到的藍光愈多，人就會愈清醒，精力會愈充足。這個效果非常顯著，甚至會影響睡眠。所以研究人員建議，會發出藍光的電子用品，應該要於睡前一到兩個小時關閉。

藍光醒腦的特性，從演化角度也有跡可循。這個顏色通常

在黃褐色的非洲莽原上看不到，但我們演化的過程中，卻有很多藍色——只要抬頭往上看就好了。我們原本就不是夜行性動物，所以藍光會讓我們醒腦，這很合理。藍光在清晨的功能，大概就是古代非洲的鬧鐘。然後在剩餘的一天中，就像是能量飲之類的東西。當夜幕降臨，藍光消失，醒腦的效果也慢慢褪去。

最後，藍光、綠光、其他波長的光（想想看彩虹的顏色，波長介於 380～740 奈米間），對大家都有好處。為什麼呢？這個光譜是白光，也就是自然光；也就是走到室外，或者是望向窗外所看到的光。沐浴在自然光底下的人，眼睛疲勞可以改善 84%，視力模糊和頭痛也都可以改善。夠幸運的人，能夠在採光充足的辦公室工作，病假的數目會比較少。接觸自然光，對於睡眠模式也有好處，像是增加平均睡眠時數，休息的品質也比較好。自然光對於零售空間甚至也有影響。採光佳的沃爾瑪超市（Walmart），與使用日光燈做為主要光源的店鋪相比，銷售額平均高出 40%。

由於自然光能夠改變行為，藍光和綠光也具有演化重要性，室內設計師最好不要忽視這些重點。

讓我（在戶外）休息一下

既然大自然能夠增進健康，那麼，要如何把這個優點運用到商業世界呢？員工是否要定時休息一下呢？休息時段是不是能夠待在花園裡呢？健康的員工會比較勤奮，健康又快樂的員工生產力會更高嗎？

答案很簡單：**能夠定時休息的人，表現比較好；而且能夠沐浴在大自然中休息的人，表現最好**。首次注意到這點的研究，是探討工作錯誤率。簡單來說，定期休息的人，犯的錯比較少。員工的專注力也會改善，比較容易投入工作，執行功能升級（上一章提到的重要認知小工具，能夠讓我們完成任務）。統計顯示，工時較少的人，與工時較長的人相比，工作效率較高（聽起來是不是有點衝突？）。

那麼一天當中，要按下幾次休息鍵呢？認知神經學能夠提供精闢的解釋。**研究顯示，大約每九十分鐘，就需要休息一次**。要是工作強度極高，休息的頻率就要調高。這個數字來自於克萊特曼（Nathaniel Kleitman）的研究，並獲得心理學家艾瑞克森（K. Anders Ericsson）和商人史瓦茲（Tony Schwartz）的大力聲援。**克萊特曼發現「基礎作息周期」**（BRAC, Basic Rest-Activity Cycle）這種現象，大腦每 1.5 小時，好像就會想休息一下。按時休息的人，生產力提升程度最高——這點不只在商業界可以看到，甚至可以在科學界、表演藝術中觀察到。

每九十分鐘休息時，該做些什麼呢？這個問題你可以詢問威爾森。休息時應該要到戶外走走，或至少走到有許多植物和瀑布的空間。還記得嗎？我前一節問過，要在樹林裡散步多久，才會對健康有益。研究指出，這個安撫人心的效果很快就能發生，只要走進這個環境兩百毫秒，就會有效了。**隨著待在這些地方的時間愈久，健康效益就愈高，從十分鐘到接近一個小時不等**。

我知道有些公司的政策，甚至是各州法律，對於休息的規範各自不同。要是大家的公司設有休息政策，請儘量好好利

用，就算覺得這樣沒有生產力，還是要好好休息。休息的時候，試著在大自然中找到慰藉，到戶外散散步，或至少走到有植物的辦公室裡。如果目前公司沒有休息的政策，那麼就擬定休息政策，儘量宣傳，讓全公司的人都知道這個政策。多數公司的成長動力，來自於員工神經元的健康。強調維持人力資本的健康，是我寫這本書的一大原因。

眺望與藏匿

很多辦公大樓的設計師，應該要花點時間研究日式庭園，這點我似乎不必再多解釋了。我猜，設計北歐航空（SAS）總部的可憐人，一定很後悔自己沒這麼做。他們在 1987 年打造的作品，建築物中間有一個很大的平面，像是迪士尼樂園一樣。這個中庭通往各個辦公室、會議室、一個咖啡廳、運動區、無數開放的非正式會議場所。他們的設計理念是要員工離開悶熱的辦公室，到其他地方碰面。他們有點希望，這些相遇能夠提供認知的彈性空間，促成自發的、意外的互動。當然主要就是希望這樣的互動能夠增加生產力。

結果，兩個希望都落空，都在浪費時間。分析員工互動的實際地點後發現，只有 9％ 的人使用中庭和咖啡廳，另外一個「開放式景點」也只有 27％。超過三分之二的員工，還是使用擁擠的辦公室開會，提升生產力的美夢就此作罷。

顯然，設計師放錯重點了。

但重點是什麼呢？我支持兩個方向：可以選坦尚尼亞恩戈羅恩戈羅火山口，這邊的環境狂野吵雜；也可以選沒那麼狂野、

沒那麼吵雜、位於英國東北方的赫爾大學教室。這些地方好像藏有一些祕密，能夠促進最有創意、生產力的活動。

坦尚尼亞和英國的提議值得好好討論。我們先來談「眺望藏匿理論」（prospect-refuge theory），是由赫爾大學的地理榮譽教授艾波頓（Jay Appleton）提出。要了解他的想法，必須先敘述一下他的靈感來源，也就是東非的恩戈羅恩戈羅火山口。

恩戈羅恩戈羅位於坦尚尼亞，這個地方是全世界最大的休眠火山口。它在數百萬年前爆發，造就一個碗型的深谷，大小約 1 萬 6 千平方公里，與非洲塞倫蓋蒂接壤，屬於恩戈羅恩戈羅保護區的一部分。這個碗型火山口的邊緣，是有稜有角的山脊，陡峭的山丘中間，則是像是鬆餅一樣平坦的平原。山脊上許多地方，特別是恩格如卡（Engaruka）這個地方，密密麻麻滿是山，這樣的地貌提供類人方便的藏匿之處，而且美麗絕倫，讓我們在裡面可以觀察掠食性動物與獵物。換句話說，我們在這個地方能夠眺望，也能夠藏匿。

由於恩戈羅恩戈羅地貌特殊，對於人類史前時代的祖先有深遠的影響，所以也可以稱做智人的東非研發工廠。遠古的人類大腦在恩戈羅恩戈羅這類的地點，重塑成現代化的樣子，因此我們能夠演變成現在這樣子的生物，能夠創造藝術、打造建築物、觀測天象、繳稅。

再多討論一下眺望與藏匿，

艾波頓的想法顯示，我們喜歡各式不同的環境。既然人類有 99.987％存在地球上的時間，都是生活在這個環境當中，大家不必是威爾森，也能夠知道艾波頓發展出的重要推論，就是必須兼顧兩者。

一是眺望。人類必須能夠觀察周遭，視野愈寬廣愈好。視野寬廣，馬上就能知道水池可能在哪裡、掠食者的潛伏地點、獵物可能徘徊的地方。採集漁獵的群體若喜愛這類資訊，顯然比較容易存活。我們現在其實還是保有這些偏好，從家附近的不動產仲介身上就可以看到。坐擁景觀的房屋比較賣座，大家也比較願意花錢購買。

　　另外一個面向則是藏匿。艾波頓表示，我們也喜歡能夠躲過敵人、惡劣天候的地方，而且隨著人口愈來愈多，我們也能夠在這些地方躲過他人。能夠掌握地利，就比較能夠直接面對威脅——待在洞穴裡，就可以辦到。能夠住在室內，即使連非洲塞倫蓋蒂多變化多端的天氣，都能順利撐過。這個古老火山口旁邊的洞穴會這麼有吸引力，其中一個原因就是人類在洞穴中，既能夠眺望，又能夠藏匿。

　　艾波頓預測，未來多數生產力高的空間，都能夠兼顧眺望與藏匿。實證研究似乎支持這個說法，有兩位研究人員在《哈佛商業評論》中表示：

　　最有效的空間就是能夠讓大家會面，消弭隔閡，同時又提供足夠的隱私，好讓大家不必擔心被偷聽或被打斷。

　　我們對於周遭範圍的敏感度，甚至也可以從有關天花板高度的研究中看到。學者提出「大教堂效應」（cathedral effect），天花板高度會影響專業人士解決問題的專注力。天花板愈高，受試者愈能夠專注在問題的概要（愈不在意細節）；天花板愈低，受試者愈注意問題的細節（愈不在意概要）。意

思是什麼呢？專業人士解決大型問題時，需要在聖派翠克聖殿大小的空間裡；解決錙銖必較的問題時，就最好待在洞穴。看樣子，即便我們有藏身之處，還是想要眺望或藏匿。

演化對室內設計的影響

這樣的演化需求必須兩種空間兼顧，也就是開放式空間和封閉式避難所，全部都要。這是規劃辦公室的重要觀點。既然不平衡的設計，會導致一半的眺望－藏匿需求受到忽視，大家大概可以猜到，工作空間要是只聚焦於一個面向，像是完全開放，或是完全封閉就像是兔子窩一樣，結果一定不好。

典型的例子可能就是開放式辦公室。一直以來，很多公司想打造這種便宜、沒有隔間的座位，搭配開放式的協作空間。公司鼓勵大家自然而然的互動，而且這樣的空間也一定可以隨機互動。但真的如此嗎？

很可惜，很少人測試這個概念，也就不了解實情是否真是如此。實驗結果發現，員工的互動並沒那麼熱烈。研究人員發現，這個空間變成憂鬱、壓力大的戰場，而不是快樂園地，生產力並未提升，最終傷害的就是公司獲利。**生產力在開放式空間中大幅下跌，創意思維會下降，專心處理事務的能力變差，壓力飆升。毫不意外的，眺望的功能太好，員工滿意度會下降。**

有一個很大的壓力來源，是讓人無法專心的事物，比如被迫聆聽其他人講電話。研究團隊替這個惱人的情況取了名字，叫做「半對話」（half-a-logue），因為你只能聽到一半的對話內容。半對話特別容易讓大腦分心，而且影響還不小。若周遭

有半對話發生，人的專注力出錯率（由眼動追蹤量測）與控制組相比，增加 800%。

人類極需恩戈羅恩戈羅火山口洞穴的需求，也可以在想要回到洞穴的員工身上看到。當環境的眺望功能太強時，他們就想要找到藏身之處。《紐約時報》的報導描述得像是一場戰爭：

> 世界各地的辦公室，牆壁一一崩毀，但棲息在辦公小隔間的人們持續建立防線，躲在檔案櫃後。他們運用書本和紙張，強化隔間。
>
> 耳機派得上用場，但也不是理想的解決方案。就算降噪耳機牢牢的蓋著耳朵，我們還是會回應讓人分心的視覺提示，這點達爾文叔叔能夠解釋原因。

這邊的重點，不是要根除開放式辦公區域，而是要取得平衡。設計妥當的話，偶然的互動能夠將生產力提高 25%，畢竟我們本來就是會合作的物種。雖說如此，我們社交的原因不只是因為想聊天，而是要存活。為了達成這個首要之務，就要限制社交，留點時間給自己。要是一直待在開放空間，久了也是會厭倦的。

下週一就改變工作環境

既然這個章節講的都是務實的想法，我覺得應該要把一些內容套用到假想實驗上：如果你有無限的預算，也沒什麼官僚限制，根據這章的主題設計工作環境，你的設計會是什麼樣子？

現在，正是做這個實驗的時候，特別是因為已經開始疫情後的生活了。辦公室這個想法，已經成為猜測和爭論的主題，很多人在探討在家工作的互動、辦公大樓的必要性等。辦公大樓有可能會繼續存在，但在這個時候，這些概念都還在發展中，不妨大膽顛覆所有事物吧？

先從辦公大樓開始。但更重要的是，從艾波頓提出的想法開始討論。我保證辦公大樓的規畫理念，會以他眺望與藏匿的想法為中心。這些空間將提供寬闊的視野、激發創意的場所。這些空間與私人辦公室相連，想出點子的員工可以安靜的待在辦公室中，繼續發展想法。聽起來很牽強嗎？我們已經有正式、設計得宜的空間，供我們眺望和藏匿，這個地方就叫做陽台。

陽台俯瞰什麼地方呢？植物園。這個理想的建築坐落於蓊鬱的空間中，陽台這樣的空間，可以在室內俯瞰花園般的中庭；或者再更實際點，坐落於室外，適合做森林浴。如此一來，員工就能夠經常到小徑上、小溪或瀑布旁走走，也能夠從辦公室看到這些景色。

我們的想像包括了樓板設計。辦公室採光良好，每個空間都有增強免疫力的植物（而且可以省錢，特別是冬季流感盛行的時候）。員工能夠造訪這些花園，每九十分鐘休息一次，如此一來能保護珍貴的人力資本。

就算是會議室，也應該特別一點，重新命名為「問題解決室」。**在這些空間照明要能夠調整：需要專心時，調成綠色；需要精力時，調成藍色。天花板高度也應該要能夠調整，解決大問題的時候，把天花板調高；解決細部問題時，把天花板壓低。**

這些想法都能夠提升營收，而且與以前可悲的、生產力低的辦公室設計不同，具有科學研究佐證。

　我知道，實現這些想法一點也不簡單（也不便宜）。但身為腦科學家，我也知道，現在的辦公室設計並沒有考量到大腦運作的方式，但是幾乎每一間公司都仰賴大腦，才能夠賺錢。多數公司都沒諮詢過神經學家，但我們的時間很多（這章出現的資料，有些已經是幾十年前的老資料了）。某些想法或許就跟過聖誕節一樣花錢，但有些就跟蛛形吊蘭一樣便宜。所有想法都經過一疊同儕審查的論文支持。我可以想像，威爾森在上面興高采烈跳舞的樣子。上萬名員工，或許有數百萬名員工，都想要跟他一起跳舞。

- **如何調節心理疲勞（角色超載或過勞現象）？**

  可以在辦公場所加入大自然元素，例如：大量植物和天然採光，或多使用綠色與藍色。

- **如何調節工作與休息？**

  研究顯示，大腦大約每工作九十分鐘就需要休息一次，能到戶外休息更好。要是工作強度極高，休息的頻率就要提高。

- **如何設計發展員工創意的辦公空間？**

  人類處在可以眺望與藏匿的環境中能減壓，提升生產力。最有效的空間就是能夠讓大家會面，消弭隔閡；同時，又提供足夠的隱私，好讓大家不必擔心被偷聽或被打斷。

4 大腦喜歡創意，討厭失敗

大腦這樣想：

創意帶來生存優勢，讓人類度過各種挑戰。
嬰兒出生時就已經載入假設測試軟體，可以剔除錯誤，
逐步逼近解答。

這個章節一開始，我要請大家想出磚塊的新功能，愈多愈好。請把這些想法寫下來。我會等大家寫完。不急。我先不看你們的答案，等到了這章最後再看。

我請大家寫下這個清單，因為這個章節的主題是創意。我們之後會討論，定義創意的方式（很難）、戕害創意的事物（更難）、提升創意的方式（最難）。

研究創意對神經學家來說，一直都很困難，不是因為我們不相信創意這東西，而是因為創意無法量化或定義，至少以現在的技術來說，做不到這點。我們不確定該研究什麼，或者是該尋找什麼。

多數人都同意，達文西很有創意，多數人也認為愛因斯坦、貝多芬、喬治·巴蘭奇、路易·阿姆斯壯很有創意。他們的創造傑作時，大腦是否都喝同款創意水呢？他們是否運用相同的腦部區域，想出赫赫有名的作品呢？

不知道的話，我們就先列出「磚塊新功能」的清單。

你的清單列完了嗎？你想出來的用途是否包括「紙鎮」或

是「門擋」？是否想過，把磚頭放在沸水鍋上，避免水濺出來呢？——這些答案都相當普通，共同之處仍脫離不了磚頭的重量。

有些研究人員會認為，這些答案只能敬陪末座，因為脫離不了磚頭原本的用途。以下這個答案的分數才高：把磚頭打成粉，用來製作顏料。這個新的用途，跟磚頭原本的用途天差地別，研究人員會對此讚賞不已。其實這些衍生出來的答案，就是研究人員在量化特定種類的創意時，會測量的指標。這類的測驗叫做擴散性思考測驗（divergent thinking assessments）。你會不會說某個答案比較有創意呢？多數人會說，顏料是最新穎的用法，我同意，而且許多科學家也同意。

除了擴散性思考，還有其他種類的創意，研究人員都想要定義，之後我們會討論。我們也會順便看看，是否有其他方式，能夠把某人的門擋，變成一瓶顏料。

新穎或毫無意義

你是否認為，以下的句子是有創意呢？還是覺得很瘋？

我從國外的大學來……兒童法的一系列修法行為都貌似合利性……這不是精神障礙或畜罰……這是愛情法（編按：原文當中「合利性」「畜罰」「愛情法」等都是自創的單字）。

真的有人說過這段話，這段話出自上個世紀的一篇研究論文。從某個角度看來，創意爆表：講者開始自創詞彙。這就是

單字版的磚頭新用法。我猜，聽到的當下會覺得很有意思，但是這個句子是否合理呢？要造出這樣的句子，需要大膽創新的運用英語，但是否真的有意義呢？這句話其實很難理解，甚至根本不想讓人理解。

我再問一遍：這個句子是有創意呢？還是很瘋？

研究人員要定義創意時，遇到許多問題，這就是其中之一。新穎跟毫無意義有什麼差別？研究人員可以用什麼樣的行為工具，來剖析美好新穎或荒誕不經呢？

非常可惜，沒有這種工具。多年來，勇敢的人針對這個主題，提出許多想法，但許多都徒勞無功。絕大多數研究人員使用的定義，都源自於以下這個大膽的想法：

產出新穎又有用的想法或產品，一般被認為是創意的核心特質。

「一般認為」是科學術語，表示「我們對此放棄」。這是科學上的投降。

雖說這個定義還有許多缺漏之處，但仍然有點用處。把創意轉換成兩個概念的基石，也就是新穎與實用，可以產出一些經得起測試的想法，以及一些有趣的科學洞見，以供了解創新思考的本質。

這些無價的洞見之中，其中一個來自於演化生物學家的研究成果，他們想了解創意在達爾文演化論中的功能。這些生物學家同意，**創意產生的原因，最有可能是因為需要在氣候變遷中生存**。結果發現，過去人類居住在非洲塞倫蓋蒂的數萬年間，

非洲的氣候非常不穩定，在溼熱與乾冷間擺盪，有時在幾個世代間，氣候就大幅改變了。氣候不穩定，靠採集漁獵為生的脆弱人類，就面臨各式各樣的新挑戰了。能夠把全新解決方案，套用到全新問題的人，最能夠適應變遷；不夠創新的人，就滅亡了。創意能夠帶來生存優勢，人類才能夠度過氣候帶來的各式挑戰。

知道這個演化來源的故事後，**創意的第二塊基石，也就是功能，不言自明，這表示創新的解決方案一定要有某種功能，才會有演化優勢**。所以基石有兩塊，而不是一塊。

「修法行為貌似合利性」聽起來可能很有創意，但並不足以幫助我們度過環境不穩定的挑戰。

跟各位介紹一下，說出一開始那段話的人，患有思覺失調症。研究人員把這種胡搞瞎搞的詞彙叫做「字句拼湊」。這種症狀常見於某些類型的思覺失調症。這個病人說的話當然很特別，但根據我們的定義，他說的話沒有創意。

聚斂與發散

把獨特和實用雙雙納入創意的定義，這是一回事；但是否有造就這兩者各自的神經基質，又是另外一回事了。科學家探討這類大型問題時，會提出模型，予以測試，然後尋找相關的腦部區域，試圖解釋模型的運作機制。

這個章節會探討三個模型：**擴散／聚斂性思考、認知去抑制化，還有一個是很早以前就發現的現象——心流**。這些都是可以測試的概念，通通都經過專家檢視。這些專家的工作，就

是在釐清外部行為功能，與大腦內部溼糊糊之間的關係。

還記得我請大家想出磚頭的新用途嗎？這就是擴散性思考的練習。這個認知小工具能夠刺激腦力激盪，發揮想像力，儘量想出新點子，但當然還是要先遵守某些參數。

另外一個模型就是聚斂性思考，其實就是擴散性思考的相反。這個認知小工具在解決一個問題時，會產生許多獨特且創造性的解決方案，而這些解決方案必須聚焦在該問題上。

聚斂性思考的經典範例，可以從《阿波羅十三號》（*Apollo 13*）這部電影中看到。這部電影的素材，來自美國太空總署面臨阿波羅十三號嚴重受損時的因應方式。所有的創新解決方案都出現在電影中（其中一個方案用到訓練手冊封面、彈力繩，還有襪子！），目標是要讓這艘太空梭回頭，載著太空人平安回家。

既然這兩種創意的差別可能會讓人混淆，以下提供簡單的辨別方式：把擴散性思考想成煙火，無光十色的弧形從中央爆開；聚斂性思考則可以想成放大鏡，把多點光源，匯聚成同一個光源。

兩種用途都很重要。研究人員自然會問，促進和妨礙擴散性／聚斂性思考流程的因子有哪些。結果，壓力對兩者都有影響，但作用大相徑庭。**壓力很有用，能夠促進創意，特別能夠加強聚斂性思考。**對於美國太空總署的工程師來說，壓力真的能促使他們跳脫窠臼，因為阿波羅十三號上面有三條人命岌岌可危。

但是，特定類型的創意，像是擴散性思考，在壓力環境中就會如花朵一般凋零。**人只要覺得匆忙或有壓力時，擴散性思**

考測驗的表現就不會太好（所以這個章節一開始，我才說不要急）。

我們可以看看統計結果，了解創意與壓力互相依存。長期創意成果的預測因子中，其中一個就是因應失敗的方式。對於某些人來說，失敗是壓力極大的經歷。失敗的可能性，會遏止這些人的創新想法。但也有人覺得，失敗並不是真的失敗，而是助力，能夠幫助創新的勇者往正確的解決方案前進。

允許失敗，不要一蹶不振

許多領域的研究人員，都探討過創意成果和失敗疑慮之間的關係，而這個關係讓人很不舒服。

來看看論文的題目名稱，商業界應該可以看到這樣的標題：〈創意的第一大敵：害怕失敗〉（The No. 1 Enemy of Creativity: Fear of Failure）；神經學界則會看到〈創意導致大腦萎縮，降低創意〉（Fear Shrinks Your Brain and Makes You Less Creative）。順便讓大家知道一下，若干腦部的區域會萎縮，影響最明顯的就是海馬迴——這不太需要大驚小怪。海馬迴參與的許多流程，對於創意產出來說很重要，其中包括把短期記憶轉換成長期記憶的過程，海馬迴萎縮到某個程度後，這個功能就會大幅受到影響。

為什麼害怕失敗會造成這麼大的負面效果呢？為什麼創新的能力那麼容易受到影響？要回答這些問題，就必須討論嬰兒、科學家、創業家的共同之處，也就是他們的學習方式。

嬰兒的學習方式，是透過一系列自我糾正的想法，這些想

法就像是在出生時已經預先載入了假設測試軟體。嬰兒會：①**不斷觀察自己對於世界運作模式的看法；②不斷測試自己的想法，逐步逼近正確解答；③根據取得的資料，修改並理解。**如果你覺得這很像是科學家在做研究，也就是優良的傳統科學方法，就沒錯了。

多年前有一本書，叫做《搖籃裡的科學家》（*The Scientist in the Crib*），內容說的是嬰兒跟科學家其實很相像（而且我個人的經驗是，有很多的相似之處）。這樣測試假說的作風強而有力。迭代、重複的過程夠強大，就能夠發射火箭到遙遠的小行星上；同時，又很柔和，能夠看到原子裡的祕密。

這些流程中，放眼所及的都是失敗。其實，失敗這個想法，也在這個機制當中根深蒂固。也就是我們可以剔除錯誤，逐步逼近解答。

失敗和創意間的關係，處處可見。很少有創業專案能夠第一次、第二次就成功了，甚至可能要革命十次才會成功。有非常多科學家提出的理論，都經不起嚴謹的實驗。就算是撐過實驗的科學理論，經過實驗後，幾乎都會修訂。我們看過的嬰兒，走路都要搖搖擺擺好幾週，跌倒再爬起來，之後又再跌倒，有時候得經過好幾個月後，才能夠挺直往前走。

如果你因為失敗而一蹶不振，就會影響到創新專案，最終生產力也會受到影響。所以，一定要調整心態，面對失敗。還記得嗎？創意有一部分是要想出新穎的點子，另一部分則是要應用。我們的研究結果發現，失敗能夠把新奇美好的東西，轉換成有用的東西。

善用失敗的潛力

這些點子能夠套用在商業行為上。回顧一下 Google 的亞里斯多德專案（之前討論過，它在探討某些團隊表現亮眼的原因）。研究人員認為，安心是成功的重要關鍵，所以大家願意承擔風險，這個風險當然也包括失敗。

從亞里斯多德專案開始之後，安心和創新之間的關係，已經有長足的研究進展，像是能夠量化承擔風險的規範。有一個實驗發現：① 同時測試許多想法（3～5 個）的組別；② 挑選最好的 2～3 個結果，進一步試驗。與不重複或是重複次數不夠多的組別相比，成功機率高達 50％。失敗就像是烤一批餅乾一樣，可能會一直出現。

或許，是因為這些研究的關係，有更多的研究團隊開始深入探討失敗。他們後來發現，要是允許失敗，之後就會取得勝利。達成巨大成就的人，和遭遇重大挫敗的人相比，失敗次數大約一樣。差別在哪裡呢？成功的人會試著從錯誤中學習。他們大方的面對錯誤，盡力吸取教訓。

沒有這種職業勇氣和韌性的人，比較可能會繼續失敗。

另外一個發現，跟連續失敗中間允許的休息時間有關。**休息時間愈少，之後成功的機率就愈大；每次投入的間隔時間拉愈長，就愈可能繼續失敗**。所以，不只要從失敗中學習，還要馬不停蹄，繼續嘗試。如此快速的再次投入，前提就是大家要能夠犯錯。

有家公司因為允許員工犯錯而名聞遐邇，這家公司就是國際商業機器股份有限公司（IBM），由傳奇執行長沃森（Thomas

Watson Jr.）穩穩掌舵，走過了最成功、最創新的時代。這家公司有一個知名的故事：有一位副總做了一個實驗，但失敗了，導致公司損失將近一千萬美元。他道歉的方式，是寫了一封辭職信，親自交給沃森。然而，老闆接下來的反應，卻令那位副總大吃一驚。「你怎麼會覺得我們捨得呢？」沃森讀完信後笑著說：「我們才剛花一千萬美元讓你受訓。」

確實，公司不是慈善團體，沃森也不是要讓 IBM 破產。但你可以觀察到：**要增加致勝的機率，就要增加失敗的忍受度。**或許，沃森當時心裡就知道這一點了。

科技專欄作家麥可・馬龍（Michael S. Malone）這麼說的：

圈外人會把矽谷當作成功的代名詞，但其實應該說是成功的墳墓。失敗是矽谷最強的優勢。

斷開恐懼的枷鎖

要是因為害怕失敗而無法創新，該怎麼辦？是否能夠培養實用的態度，來斷開這個有毒的連結？答案是——可以。首先，就要了解害怕失敗的原因。

研究顯示，有許多員工會把犯錯看成是個人的缺陷。你要是有這樣的感覺，失敗不僅僅是做錯事，而是決定人格的大事。如果你這麼想，可能就會想要文過飾非，說謊隱匿，推諉卸責。

不把失敗當做缺陷，不因此羞愧、撒謊、推卸責任的人，會積極邁向失望，最後獲得勇氣的回報，變得更加成功。這樣的人在這個多方嘗試的世界中，可以創造出下一個最好的事物。

確實，有證據顯示，失敗能夠讓人加速想出熱騰騰的點子。心理學家艾普斯坦（Robert Epstein）這麼說：「失敗其實能夠直接刺激創意，很寶貴。」

由此可知，大家能夠培養健康的態度來面對失敗，遵循三個簡單的步驟即可。解說三個步驟最好的方式，就是佛羅里達州的一位消防員——很奇怪。他叫做霍拉迪（Matt Holladay），雄壯威武，剃大光頭，看起來就像是第一線急救人員。

有天霍拉迪正在訓練新進人員。當時佛羅里達州陽光明媚，警鈴突然大響，有民宅發生大火，房子幾乎深陷火海當中。他帶著同事衝入民宅，停下來，審視情況。整間房子瀰漫著濃煙，只有一間臥房除外，或許有人還在裡面！他馬上跳過原本是窗戶的開口，一落地就看到一位年邁的老太太，而且還活著！霍拉迪扛起老太太之後，把她從窗口遞給在外等候的同事，然後很快的離開火場。

他的行動可以分成三個階段：**首先，他往前衝，而不是逃離火場；然後，評估災害，尋找可能的生命跡象；最後找到方法後，他付諸行動。**他進入臥房，發現自己的評估正確，救了這位阿嬤一命。

我們要研究如何遵循類似的三步驟流程，來因應失敗：

一、**迎向失敗，就像是霍拉迪奔向火場一樣。**研究顯示這麼做符合邏輯。願意面對威脅，是最重要也是唯一的解決辦法。

二、**開始評估情況。**確認是否有阿嬤在房間裡，然後想辦法營救。就算周遭火勢猛烈，也要設法救援。

三、**從評估當中儘量取得資訊。**找出房子失火的原因，然

後採取行動，解決錯誤。

把愛德索變成野馬

　　許多商業範例，都證實這三個步驟有用，能夠造就有生產力的結果。有一個知名的範例，來自於遠近馳名的商業大師彼得‧杜拉克（Peter Drucker），他描述福特汽車最大的失敗，也就是1958年的愛德索（Edsel）車款。這個款式設計過於繁複、研究過頭，並且在宣傳上做得非常誇大。問世初期，業績一片低迷。知情人士預估，愛德索導致公司虧損3.5億美元。

　　杜拉克表示，負責的高階主管並未因為這場災難而退卻，反而赴湯蹈火。他們以刻意、條理分明的方式調查出錯的地方，以及成功的地方，然後想辦法修正錯誤。他們的努力直接促成改版，也就是後來的雷鳥（Thunderbird）和野馬（Mustang），這兩個車款皆創下銷售佳績。

　　公司要怎麼樣才能把愛德索變成野馬呢？幾十年來的研究，答案都很一致，更經得起考驗。但如果你是高階主管，可能會有點震驚：**高階主管以及其同仁面對失敗的方式，會直接影響其他人的反應**。提升生產力的主軸，不是取決於行動，而是態度。

　　身為高階主管或是經理人，你應該培養什麼樣的角度，因應失敗呢？為了把失望轉換成獲利，必須營造出一個感覺，讓人知道失敗不僅能夠被接受，更是在意料之內。一切都要以身做則，行為科學家稱之為「被動遷移」（編按：passive transfer；是透過領導者的示範行為和態度來影響和激勵下屬的

行為和態度）。經理人要是能夠積極面對失敗，就能夠經營生產力數一數二的公司。

動畫公司皮克斯的創辦人之一卡特莫爾（Ed Catmull）曾說過：「失敗不一定不好，一點也沒有不好。嘗試新的東西，就一定會出現失敗。」卡特莫爾深知這點。

掌握創新氛圍

要如何營造允許失敗的氛圍？研究顯示，解決方案有長期的，也有短期的。

短期解決的是心理問題，也就是管理者面對失敗的方式，特別是如何處理恐懼。要是你身為高階主管，卻害怕失敗，這個恐懼，就會滲入其他人的心中。每位第一線人員都知道，恐懼是會傳染的。

管理者對於恐懼的反應，往往是要控制衝動。無庸置疑，大家都不想走進著火的房子裡。但這邊還是有一線希望，因為研究人員發現了控制衝動的辦法。這個行為是執行功能的一部分，執行功能就是之前討論過的認知小工具，也就是能夠「把事情做完的能力」。能夠改善執行功能的方法，都能夠改善衝動控制力。

正念是一種冥想的方法，能夠改善衝動控制力；運動也可以。這些活動在極短期內，就可以發揮效果，甚至不到一年就可以看到成果，所以我稱之為短期解決方案。想當然爾，正念和運動都能夠提升創意，但運作方式不同。專心能夠增強擴散性思考測驗的分數，運動也可以，特別是戶外運動。梭羅

（Henry David Thoreau）這位原本就在做森林浴的人說得不錯：「我的腿開始動的時候，思緒也會開始流動⋯⋯」

長期解決方案比較偏向流程。研究指出，公司應該要建立審慎的正式機制，以利生產和發展組織內部的創新。這些機制應該要寫下來，交給曾經發想出好點子的人。其中最重要的部分是什麼呢？就是明示如何面對失敗。以下這段話取自於德索薩（Desouza）等人的研究：

最好的情況，是管理團隊擬定明確的創新發展流程，其中要能夠認可失敗是業務的一部分。

德索薩的研究團隊甚至知道，允許失敗的流程應該是什麼樣子。他們描述的特點有五個，可以當成一個循環。前三個步驟對於我們的目標來說，特別重要：

一、**「發想與動員」**。這個步驟要營造心胸開放的環境，才有利於點子育成，還要建立馬上能夠存取的紀錄，讓大家正視投入的心血。

二、**必須制定審查流程**，評估所有點子的優缺點（他們稱之為「篩選與提倡」步驟）。

三、**建立一個流程或機制**，讓大家能夠測試點子，並適時建構原型。可能需要實驗室，或至少一個地方，好讓人打造東西。

最後兩個步驟則是商品化、讓潛在客戶買單。這些步驟以一貫之，就是明確表示，**失望是可以被接受的**。我還可以提供一個告示牌，讓你放在每個執行工作流程的房間。這是皮克斯

公司卡特莫爾說的另外一句話：

> 要是你沒碰到失敗，顯然大錯特錯。因為你受到誘惑，規避失敗。

這是至理名言。如果要跟卡特莫爾一樣賺大錢的話，就要遵守。

第二個模型：認知去抑制化

難過的是，研究顯示，多數公司並沒有像這個五步驟循環一樣的正式機制，就只仰賴隨機的意外發現，以及直覺。直覺如果以恐懼為基礎，多數沒有用，還會帶來危險。

研究指出符合邏輯的地方：最創新的公司，最有可能引領群雄。設立正式機制，好在接納失敗的環境中實驗，是必要條件。然而，這樣可能還不夠。

創意除了擴散性／聚斂性模型以外，公司需要套用其他理論，才能成功。下一個談創意的模型，或許可以填補缺口，但它的組成概念有點晦澀，叫做「認知去抑制化」（cognitive disinhibition），其對於創意的貢獻很複雜，共有兩個部分。好在，用百老匯音樂劇《西城故事》（*West Side Story*）中的一幕當作簡單的譬喻，就可以解釋兩者。

我沒有開玩笑。

《西城故事》電影版中，兩位悲情戀人各自隸屬於 1950 年代敵對的幫派，相會後相戀。這一幕發生在學校的體育館裡，

當時幫派試圖以舞泯恩仇，在派對狂歡後化解衝突。

但難過的是，和解變了調。那場舞幾乎演變成暴動，充斥著衝突、嘈雜的音樂聲，音樂相互碰撞，數十具身軀交織在一起。混亂的吵鬧聲漸漸達到高潮，東尼和瑪利亞這對戀人，從舞池的兩端看著對方。他們的眼神對上之後，音樂漸漸安靜，畫面焦點就集中在他倆身上。他們優雅的跳舞，體育館中沒有其他事物，也沒有其他人。

這一幕老是讓我想起，認知去抑制化對於創意的兩項幫助。但要了解之前，就得先確認定義。以下引自研究人員卡爾森（Shelley Carson）：

〔認知去抑制化〕指的是無法忽視與現在目標無關的資訊……一個心理過濾器，刻意選擇不要阻擋資訊進入意識中。

卡爾森的定義，就相當於讓吵鬧的舞者，在你的腦中肆意橫行。解決問題的時候大量接受訊息，這些訊息不一定都有意義，但還是能夠在認知舞池中恣意起舞。顧名思義，就是在停止抑制意識。

要是腦海中只有去抑制的舞而已，就無法滿足我們對於創意的定義。之前討論過，那名知覺失調症患者，也就是說出「修法行為之合利性」的那位患者，去抑制化的情形很顯著，但他去抑制化的程度高，說出來的話卻一點意義都沒有，也不實際。不過，幸虧缺少的元素，就由東尼和瑪利亞詩意的呈現。

移除讓人分心的事物

《西城故事》體育館中的那個場景，著重在某個部分的情節（剛萌芽的愛情），方法就是移除讓人分心的資訊（混亂的舞蹈）。

有創意的人，要是看到各式輸入的資訊繞著意識打轉，可能就會注意到，某些資訊開始眼神交會，建立關係；或許是因為有相似之處，也有可能毫無共同之處。這些輸入的資訊可能有些特質，以特定的方式組合在一起，能夠產出有用的東西。不管原因是什麼，他們跟其他舞者不同。

一旦確認過眼神，真正有創意的人，就能夠隨意排除其他讓人分心的資訊，之後就可以聚焦於真正有意義的資訊。研究人員把這個行為稱做「聚焦／去焦點化」的能力。聚焦／去焦點化的過程中，就可以產生有創意的洞見，實用性往往會隨之而來。

這兩個能力——也就是大方允許認知狂歡，又鐵血的忽視多數資訊——就是認知去抑制化的核心。瘋狂和創意的區別，就在於能不能發現房間兩端有對悲情的戀人，正凝視著對方，然後讓兩人熱舞。

幕後操縱一切的大腦

支持認知去抑制化的行為證據很穩固，擴散性／聚斂性思考的證據也是。我們比較不清楚的是，造成這些行為的神經基質。研究人員花了許多心力，想要找到大腦負責創新的區域，

但遺憾的是，我們至今還在尋找。

我們知道，某些區域一定要活化，外顯行為才能從大腦內部活動觀察到。以認知去抑制化為例，我們知道一定與工作記憶有關。

工作記憶是一個認知空間，裡面短暫儲存大量的輸入資訊，以前稱為短期記憶。這個容易變動的緩衝空間，主要是由額頭正後方的區域承接管理（前額葉皮質）。

工作記憶與認知去抑制化有什麼關係呢？是因為我們需要能夠一次儲存許多資訊的認知空間，需要一個緩衝的空間，讓不同的輸入資訊能夠即時互動。這樣的緩衝空間就由工作記憶提供──這就相當於《西城故事》當中的體育館。要是沒有這個空間，就無法翩翩起舞。

沒有大叫的必要

大家可能會猜想，這個心理體育館可能會直接影響到創意，原因很簡單：影響到工作記憶空間的東西，也會影響到能夠儲存的變數數量。

究竟哪些類型的經驗，會影響到這個體育館的規模大小呢？大家泡在這個問題裡面許久，慢慢知道答案了：失控、負面壓力會時時影響工作記憶的容量。這點有許多證明的方式。有一組實驗，探討說話變得不客氣的時候，對於工作記憶的影響。言語攻擊是科學界的婉轉說法，說白點就是大吼大叫，許多下屬遇到脾氣糟的上司，都會有這類的經驗。

為了要證明這個論點，假設你是脾氣不好的上司，決定要

讓情緒失控，於是看到錯誤後，就開始對著承辦人大吼大叫。承辦人會怎麼樣呢？你的行為馬上大幅壓低對方的工作記憶，大幅破壞記憶緩衝的儲存空間，跌幅達 52％。如此一來，創意輸出就會嚴重受限，幾乎每個測量創意輸出的測驗，都會呈現這樣的結果。

其他更深入的研究提供了記憶為何受限的蛛絲馬跡。其線索來自於某個令人意外的領域：執法人員和目擊者證詞。

研究心理健康的專業人士都知道，創傷和失憶會互相影響。要是有人遭遇不幸，像是受到攻擊，他們可能會出現一些失憶的症狀，特別是遭受攻擊前後的那段時間，會記不得發生過什麼事。這就會直接影響到他們的目擊者證詞。

然而，他們通常不會完全失憶。要是創傷跟某種武器有關，像是遇到槍枝攻擊，情況就會相當不同了。大腦的記憶系統，會按下記錄鈕，記住槍枝的所有細節。雖說記憶力會大幅下降，但應該稱做「轉移」，也就是資源大幅重新分配。**這樣子異常專注在某件事，但犧牲其他注意力的現象，叫做「武器聚焦效應」**（weapon focus）。

這個現象與剛剛大吼大叫的故事，有直接的關聯。如果你對其他人說話不客氣，其實就是把自己的嘴巴變成武器，下屬的追蹤雷達會自動瞄準威脅來源，也就是你，而其他記憶系統的功能就會下降。下屬不會記得可能還算合理的疑慮，像是工作上的錯誤等，反而會記住相反的事情，也就是你咄咄逼人的嘴。

有些經理人無視這個警告，認為語言攻擊能夠提升創新生產力，但其實不然。大吼大叫不會提升創意，就像用槍指著人

家腦袋不會讓人冷靜一樣。

心流

奇克森特米海伊（Mihaly Csikszentmihaly）博士大名鼎鼎，他在匈牙利出生。如果你知道用英文怎麼唸他的姓氏，大概用創意解決問題的項目你可以得到十分。他建立了我們提到的第三個，也是最後一個創意模型，他稱之為「心流」（flow）。

放棄了嗎？他的姓氏唸法是奇克－森特米－海伊。他對於生產力創意的看法，就跟他的姓氏一樣，很不尋常。

心流模型看的不是個人的產出，而是創作過程中內心的狀態。心流出現時，人會非常專心，以至於改變他們的心理狀態，失去對於時間的感受，不會注意到其他雜念，最終沉醉在這個流程中，其他事情很快就變得無足輕重。其實，創作的喜悅讓人難以自拔，所以大家會想要讓心流持續下去，就算是要付出一些成本，也沒關係。心流是安好幸福的感覺。或許純粹的好奇心最終獲得勝利，過程本身成為了一個目的。

奇克森特米海伊相信，心流是非常愉悅的感受。他也相信，心流也不是大家想要發揮創意，就能夠達成的。心流無法自由控制，或以特定條件才會達成，就像是挑剔的植物需要土壤中某些特定的營養物一樣。

這片「土地」中最主要的成分，就是要選擇條件恰恰好的任務：要夠難，難到讓你有興趣；但又不會太難，難到無法達成。顯然，你所選擇的任務要能夠符合自己的能力，就算是有點超出能力也沒關係。這就是關鍵。

但是，恰恰好的條件還不夠，這片「土地」還必須設定明確的目標。除此之外，還要建立即時內部回饋機制。當目標達成時，就讓你知道。

最後一個元素則要探討「時間都去哪了？」的問題。大家專注在當下的能力，甚至是恣意享受真真切切的現在，正是這片土地的關鍵。這聽起來好像某種正念訓練，沒錯，就是正念。專注於此時此刻，而不是吃碗裡看碗外，就能夠讓行動和意識融合。沉浸於手邊的事情，心流就會壓縮時間，幾個小時感覺起來就像是幾秒鐘一樣。

網路

沒有模型能夠完全解釋我們所知道的創新，就算是剛剛提到的三個模型也無法。這些模型測試的行為，如果又要找到相對應的腦部區域，事情又會讓人更加混淆了。

研究人員投入許多資源，探索擴散性思考背後的神經運作機制，也就是為了了解人怎麼想出磚頭的新用途。研究進展十分緩慢，其中一個困難點是要設計特定行為任務，只供衡量擴散性思考，但不會受到其他因素影響。

還好，並不是全無進展。有證據顯示，三組神經網路一起合作，幫助大家把平凡無奇的門擋，變成新種類的顏料。這些網路聽起來應該很熟悉：

第一個預設模式網路，跟做白日夢有關。毫不意外，大家會假設這個網路是創意的主要來源。

第二個跟執行功能網路有關，也就是幫助我們完成事情的

最大功臣。大家可以看到，我們在這邊探討腦部機制時，創意的定義有兩個元素：新穎的想法和實際的運用。預設模式網路產出點子，執行功能則將點子付諸實行。

第三個是警覺網路，這個系統通常跟偵測、因應威脅有關。這些神經網路可能有斜槓身分——檢視白日夢，然後進行價值判定，看看有什麼資訊值得送往執行功能網路。

然而，三者的互動還無法完全解釋擴散性思考，也無法解釋其他種類的創意。這個三位一體網路假說最大的功能，是提供能夠測試的想法。

研究人員也想要了解創意背後的生化機制。科學家一直研究想到創意的那一刻，就像是各個元素組合起來，產生新洞見的那個時刻。研究方法是使用叫做「遠距聯想測驗」（Remote Associates Test）的心理計量工具。想像一下，如果你拿到三個詞彙，然後要想出第四個詞彙，好跟另外三個組成有意義的複合詞彙。像是：人、車，然後你就可以想出人力車這個詞。

做這個測驗的時候，你會坐在腦部造影的機器當中。研究團隊發現，想到「人力車」的那個當下，特定區域的影像就會亮起，其中一個就是製造多巴胺的區域，而這個化學物質，大家知道就跟獎賞和愉悅有關。每次解決問題，大腦就會給你一根多巴胺棒棒糖，光想像就美妙無比。這個現象大家從小學一年級就開始了。

伯爵茶的力量

但不幸的是，大家早就已經不是一年級小學生了。你不管

年紀多大，身體都需要休息；如果無法休息，就需要提神飲料。平日，大家多數不是想睡覺，就是想要喝特大杯零脂拿鐵咖啡。這兩種慾望就像是乒乓球一樣，不斷來回。

研究發現，休息對於創意輸出的影響很大，特別是解決問題的能力。這點讓人很驚訝。文獻紀錄中有滿滿的論文，標題像是〈打電動遇到困難，睡覺可以提高破關機率〉（After Being Challenged by a Video Game Problem, Sleep Increases the Chance to Solve It）。

這類型研究論文中，有一篇很好玩。研究人員給受試者一系列的拼圖，變因則是受試者的睡眠時數。整體來說，拼拼圖期間，受試者如果能睡八小時，與控制組相比，拼圖完成率高三倍。研究人員甚至知道，**要刻意投入心思解決某個問題時，最好睡前再想一下那個還沒解決的問題。**

為什麼呢？許多年前的研究發現，大腦並不會隨著人入睡而入睡，只是功能改變而已，它會啟動「離線處理」的系統，重複白天學到的東西，發揮創意，解決大家睡前遇到的問題。睡眠的快速眼動（REM）期，是發揮創意的時候；非快速眼動期的時候，眼睛不會移動，這就是鞏固記憶的時候。

當然，工作壓力大，不一定能夠夜夜好眠。但就算是這樣，神經學還是可以派上用場，我們要運用最常遭到濫用的精神活性物質：咖啡因。

咖啡因攝取量能夠加強創意，機制多到讓人驚訝。咖啡因能夠增強工作記憶、改善專注力這兩個認知去抑制化的招牌行為，也能夠提供更多資源給工作記憶和專注力。咖啡因也能夠加強擴散性／聚斂性思考。咖啡因的來源不重要，但是會影響

到加強的創意種類。舉例來說，特定種類的茶類，能夠加強擴散性思考能力；幾乎每種咖啡都能夠加強聚斂性思考。

有趣的是，咖啡因不是直接刺激神經系統，而是讓人感受不到疲憊（如果了解生物化學，就會知道咖啡因會抑制腺苷酸與大腦中的腺苷酸受體結合），**所以人會因為咖啡因而不斷消耗能量，但其實是過度消耗能量**。咖啡因的效果退掉之後，就會加倍疲乏。也就是說，最後仍必須靠睡眠恢復體力，這又是加強創造力的另一種方式。我說過，就跟乒乓球一樣。

老化和轉移

在我的學術生涯中，花了很多時間在教導研究生和博士後研究員。從世代的角度看來，教他們真的很好玩，學生從二十歲上下的「孩子」，到三、四十歲的「孩子」都有。我在教創意時，毫不意外，有人問我年齡相關的問題：「我們幾歲時最有創意？」

我跟他們說，我們其實都知道答案：四十歲時的創意（多數人的巔峰時期），理當是八十歲時的兩倍。但我說這個答案時，也點出一些很重要的限制。有些人發揮一次大創意後，就再也沒有創意了；有些人則一輩子都很有創意，有夠荒唐（萊特設計出古根漢博物館、也就是他最知名的作品時，已經高齡九十幾歲了！）另外，也有證據指出，年紀較大的人比較有智慧，因為他們的知識和經驗都比較豐富。這些知識對二十歲、三十歲、四十歲的人來說是不可得的，但可以豐富這些「年輕人」的創造力，好讓他們加速邁向創意的巔峰。前提是，不同

世代的人要能夠互動。

然後，我發起了討論，以利了解艾普斯坦的研究。這位心理學家我們之前提過。

艾普斯坦跟我的年齡差不多，他發明了「轉移遊戲」（shifting game）。他用這個教導大家團隊創意的力量，還有獨處沉思的力量，很有趣。他把玩遊戲的人分成兩組，然後請他們解決一個擴散性思考的問題。

第一組是控制組，他們能夠討論十五分鐘，盡量列出不同的用途；第二組是轉移組，只能夠討論五分鐘，之後他們得離開房間，找一個地方獨處沉思，繼續想辦法解決問題。五分鐘過後，這些人再會合，然後列出可能的解決方案。艾普斯坦發現，轉移組想出的解決方案，數目通常是控制組的兩倍。

我問學生：「我剛剛提到年齡相關的創造力，再加上這個觀點，所以艾普斯坦實驗的團隊中，要由哪些人組成？」

艾普斯坦發現，想要盡量提高轉移組的創意，把這些混雜的因素納入考量後，表示團隊成員最好要來自不同世代。

我通常在這堂課的最後會說：「看看這間教室裡的人。各位所處的團隊，創意可說是全球數一數二。」

然後，我會請他們去思考磚塊的新用途。

下週一就開發創意

1970 年代時，有兩位西雅圖的青少年想到辦法，能夠改善道路上計算車輛的方式。他們運用基礎的電腦技術，打造出解決方案，然後運用這個產品建立公司。他們第一次展示解決方

案時，遭遇重大的失敗（機器無法運作），但他們沒有氣餒，再試了一次，雖有一點進展，但還不值得一提。最終，他們放棄這個專案，去上大學，但還是保持聯絡。結果真正有價值的東西，不在公司裡，而是持續的互動，加上面對失敗的健康反應。我們之後會看到，這樣的態度加上互動，會改變全世界。

　　前面我們討論了「創意」，核心就是這些反應。現在，來討論應用方式。雖說我們探討了各式各樣的主題，但還是能夠以七項建議，概括下週一你可以完成的事情：

一、判定解決問題需要的方法

　　需要擴散性思考的專案，相較於需要聚斂性思考的專案，會需要不同的方法。擴散性思考要奏效的話，就需要自由，不受時間限制，離開有壓力的氣氛，不懼怕失敗。另一方面，聚斂性思考其實在有壓力的環境中效果更好。

二、學習迎向失敗，而不是避之唯恐不及

　　意思是要深入了解失敗，然後運用自己的勇氣，從失敗中學習。當大家發現，你把失敗當成一種學習時，就會跟著效仿。領袖的行為會讓人效仿，下一個章節我們就會看到。

三、將重複行為正常化

　　遇到一個問題，準備好 3～5 個解決方案，然後一一嘗試。失敗一次之後，不要等太久才進行下一次嘗試。要向大家展示，大家去矽谷最常造訪的紀念碑，就是創業墳場。如果能夠遵守第二點，這點就比較容易做到。

四、營造讓人安心的氛圍

要確認同仁都能夠感到心安，這樣工作記憶才不會受影響。一切就從各位的嘴巴開始，不要用語言攻擊他人。如果是管理遊戲的新手，就不要向同仁大吼大叫；如果已經身經百戰了，也不要再對部下大吼大叫。

五、要注意睡眠

上床前，再想一想手邊的問題。如果出現睡眠問題，工作日要小心飲用茶和咖啡。咖啡因只能暫時緩解睡意，事後反而可能更累。

六、練習轉移遊戲

要是你參加一場會議，討論如何解決問題，一開始先讓整組人互動，之後解散幾分鐘，再集合。並且，安排不同年齡的人參加會議。

七、營造促進心流的條件

最有可能促發心流的條件，包括專注於當下。換句話說，要學習正念。這邊的建議是提供讓全公司的人都可以學習的正念訓練。我們會在第九章討論工作與生活的平衡時，再深入探討正念。

這些建議都有充分的證據支持，甚至能夠改變世界。要證據的話，不妨想想看前面提到的西雅圖青少年。他們建立的計算車輛技術公司，名字很奇怪，叫做資料流（Traf-O-Data）

——一開始並沒有魚躍龍門，但他們還是孜孜不倦。最終，他們將公司的重點轉移到軟體工程，後來把公司改名為微軟。當然，這兩位年輕人就是保羅・艾倫（Paul Allen）和比爾・蓋茲（Bill Gates）。

工作對策 4

- **如何進行創意思考？**

  可以依照需求，選擇下列兩種方法：在進行擴散性思考（以開放式的方式想出許多創新點子）時，需要的是沒有壓力的空間，還要比較長的時間；在進行聚斂性思考（想出許多解決方案，解決單一問題）時，在有壓力的環境和有限的時間下比較有利。

- **允許失敗，學習嬰兒的認知方式：**

  1. 觀察自己對於世界運作模式的看法。

  2. 不斷測試自己的想法，逐步逼近正確解答。

  3. 根據取得的資料，修改並理解。

- **因為害怕失敗而無法創新，該怎麼辦？**

  可採取以下三步驟：

  1. 面對失敗（威脅）。

  2. 評估情況。

  3. 從評估中取得資訊，找出原因，採取行動，解決錯誤。

- 高階主管面對失敗的方式要謹慎，因為會直接影響其他人的反應。

5 大腦喜歡群聚，
自然形成領導者與追隨者

大腦這樣想：

處理日常任務或遇到突發狀況，
需要截然不同類型的領導者。

坦白說，我不太確定是否要寫這一章，最主要是因為我很膽小。要夠大膽自信，才能處理這個主題，以及其許多無法控制的變因。我不太確定我本人，或是我所屬的研究領域是否有辦法處理。要注意，商業大師彼得・杜拉克好像也準備搖旗投降，他說：「領袖的唯一定義，就是要有人追隨。」

他的說明很簡潔，我很喜歡，但並不括要。不多說，領導力除了吸引追隨者，還要有其他元素。壞老闆、好導師、可惡的指揮官、好人經理、殘暴的國王、服務員工的謙虛領袖……這些人都有追隨者，但並不代表這些領袖的行為組成都一樣。

若不了解其中的差異，會讓人不知所措、感到挫折。因為大家在商學院上的第一堂課，說的就是領導力是企業成功的關鍵，壞老闆是員工辭職的主因。2018 年疫情還沒發生前，幾乎有三分之一的人想要辭職。員工離職率會直接影響公司獲利。替一位員工找到接任人選，平均要花 4 萬美元。

該怎麼辦呢？是否有人認真研究過領導力的祕訣，了解其

中的原則，教導老闆如何避免員工離職，損失 4 萬美元呢？要是研究這個主題的書本數目是一種衡量標準，答案就是「有」。2015 年止，亞馬遜上有 5 萬 7 千多本書包含「領導」這個關鍵字；每天有四本這個主題的書上市，非常驚人。到了 2020 年底，亞馬遜上這類的書超過十萬本。

為什麼那麼多呢？有些書說，領導力是藝術，不是科學，所以才眾說紛紜；有些書說，人不是天生的領袖，而是累積經驗，慢慢進步成為領袖。這些作家表示，這樣的領袖培育涉及如何平衡一系列特質，從勇敢到同理心，從獨善其身學習兼善天下；從不在乎他人看法，進化成只在乎別人的想法。行為科學要如何把新東西，引入這五花八門的想法中呢？

實情是：可能無法完全引入。但是，我們能夠把重要的新菜，放在餐桌上，這道新菜就以演化洞見當作醃料，佐以經得起考驗的點子，這就是「聲望－支配領導力理論」（prestige-dominance theory of leadership），有時稱「雙重模型」（Dual Model）。接下來的主題就是這個。但是，這個想法不僅僅是接下來的幾頁內容而已。我猜沒有人能夠用一個章節，就能夠講得跟其他十萬本書一樣。

我說過，我很膽小。

兩位將軍的故事

雙重模型的討論要從第二次世界大戰開始，特別是兩位同盟國最厲害的兩位指揮官，以及他們知名的指揮能力。他們的領導方式大相徑庭。

第一位是傳奇的巴頓將軍（George Patton），他雄心偉略，很聰明，趾高氣昂，指揮第三軍團。他的右腰掛著一把象牙手柄的 45 柯爾特手槍，左腰則掛著象牙手柄的史密斯威森手槍，並且用兩個西點軍校訓練過的腦半球組織控制。然而，控制力道微乎極微。他的綽號是「老傢伙」，一有機會就大罵下屬。有一場他對部隊的演講很知名，他說：「有些人抱怨說，我們太逼人。我一點都不在乎。我相信流一點汗，能夠避免流很多血。」

　　幸運的是，確實如此。1940 年代納粹占領這個世界，需要能夠制衡的一名拳擊手，派巴頓上場好像能給對方致命的一擊。有些人相信第二次世界大戰並未延長，是因為巴頓的戰術很有侵略性。

　　但他剽悍的人格特質，也導致了一些問題。有一次一名士兵過度驚嚇，巴頓認為這名士兵展現出弱點，打了他一巴掌，最後巴頓被處罰而無法上場。那名步兵的狀況，就是我們現在熟知的創傷後壓力症候群（PTSD）。

　　除了巴頓以外，還有其他指揮官因為領導能力而名聞遐邇。布雷德利（Omar Bradley）將軍是巴頓將軍的同事，他們一起在非洲和歐洲奮戰，也是公認卓越的軍事領袖，但原因卻截然不同。布雷德利並不像是生氣的拳擊手，他的作風低調、不張揚、戰術優秀，對於自己的部隊非常的投入。他也有一個綽號，叫做「步兵的將軍」。你可以在他的領導著作中，看到他顯露出的人性。

　　指揮官要成為策略高手前，一定要了解自己的下屬。同理心不是指揮的障礙，而是方式。要不是他重視士兵的生命，苦

其所苦，否則就不適任領導者。

　　針對這兩個人，多年的研究產出提出更細緻入微的看法。正如你所預料的，這兩個人不一定名符其實，但他們的領導風格之間的鮮明差異真實存在。團隊裡面如果兼具兩組技能，也就是兩者的衝突可以被控制，會是贏得勝利的無價之寶。因為兩者都是聲望－支配領導力理論的象徵。

領導力的定義

　　我們想要了解這套領導力理論，大概又得先定義何謂領導力。就算考量到這兩位將軍天差地遠的行事風格，研究人員對於領導力結構的看法，還是非常簡單明瞭。

　　社會學家發現，當人聚在一起的時候，會自動以特別、容易測量的方式排出結構，建立出不對等的權力關係，把人分成「領袖」和「追隨者」。這種組織趨勢如此穩定，可以回溯到石器時代，讓人想起彼得・杜拉克對於領導能力的單純定義。

　　除此之外，還有其他的領導模型，像是有些頭目和跟班的階級界線較不清楚，但這些模型都是歷史上的例外，而不是規則。從古代的法老，到歐洲王室，在這個一分為二的結構中幾乎都能成立，其中領袖多數都是男性。這個模型提供的研究架構與方式，能夠探索領導能力的定義。然而，這個架構最方便，有時候又是最讓人失望的，如果要以特定的方式定義更是如此。

　　普通人會說，領導力是一種能力，能說服其他人達成你的目標。科學的定義比較冗長，但意思也差不多：

對於集體行動與團體決策有不符合比例之影響……是一個現象，其中一個人（領袖）首先行動，之後他人（追隨者）即採取符合或遵循領袖開始之行為。

兩個定義的共同點，就是社交互動。真剛好，跟我們注意到的一樣。神經學家一直在測量社交互動。也就是說，照理說，至少神經學能夠說出一套領導方式。真的如此嗎？提倡威權－支配理論的人絕對是這麼想的。

解釋威權－支配理論

威權－支配理論認為，領導能力是一系列的行為。支配型的領袖，主要是透過蠻力展現權力，透過支配和魄力，把自己的目標強加到追隨者身上，而且通常不在乎追隨者對此的感受。相反的風格，就是聲望型的領袖，他們運用權力的方式就沒有那麼強硬。他們會運用幽默，審慎溝通，尊重並帶領部屬。兩者間的差異，可以說是用手臂還是用頭腦領導。提出這個想法的是一篇論文，題目叫做〈領導能力之雙重模型與階級：演化綜論〉（A Dual Model of Leadership and Hierarchy: Evolutionary Synthesis）。

雙重模型是否能夠預測，最適合商業活動的肌肉和心理的最佳比例呢？還真的可以喔。要了解這點，我們必須再深入了解這條光譜的兩端，這兩者都可以用一部聖誕節電影解釋。

以前的聖誕佳節，家家戶戶都會觀賞《聖誕故事》（A Christmas Story），就跟烤餅乾一樣，而且也一樣甜蜜。這部甜

蜜溫馨的電影，能夠詳細解釋雙重模型，其中有兩幕最適合。

　　第一個場景跟電影裡的霸凌者有關，他是一名淘氣的孩子，名叫法克斯（Scut Farkus）。法克斯是裡面最高也最壯的孩子，牙齒黃黃的，戴著浣熊皮帽，笑起來就像是機關槍一樣，很可怕。他欺負人的方式，通常都是埋伏突襲。他下課後會守在一條巷子裡，希望能夠逮到性格比較溫順的人。他和追隨者會突然跳出來，毫無緣由的欺負目標，通常會從被害人後方，抓住他們的手，然後往上拉，直到對象哭喊著叫「叔叔」為止。法克斯的領導能力，以體力為基礎，透過身體威脅，對盟友和敵人施以獎勵和懲罰。

　　大家大概猜得到，法克斯喜歡運用支配型的領導力。

支配型領導風格

　　這類人的力量，顯然來自權力的不對等分配。這種權力可以是實體的力量，像是法克斯能用體力欺負比較瘦弱的男孩。這樣不對稱的權力分布，也可能透過結盟而成，像是要求小嘍囉服從老大的命令。這個風格的領導方式，多數是透過恫嚇、憤怒、恐懼、苦惱等各式負面情緒，維持掌控。支配型風格往往也會運用忠誠計畫，給予最忠實的下屬回報，並持續予以掌控。這些回報可能很有用，像是公開獎勵與尊重，以及實際的表現形式，如加薪、升官等。但是，支配型領袖創造的是冰冷的二元世界。團體若是運用支配型風格，有與無的差別就很明顯，有與無通常都由領袖隨意決定。這類團體中的成員多數不是朋友，只是同盟；而且大多數人也並非對手，而是敵人。

支配型領袖可能會讓下屬水深火熱，下屬不得不以其他行為來調節自己。但是，支配型的風格之所以存在，是有原因的。這些領袖能夠快速集中資源，必須做出反射性、說一不二的反應時，這點就特別重要。這種風格適用於緊急狀況，像是擊退敵軍、處理尸位素餐的人、因應團體內部衝突。要是這些衝突會威脅到中央權力時，就更是如此。

史達林（Joseph Stalin）擅長運用支配策略，是這類型領袖的極端。他想要攀附權力的慾望，加強蘇聯工業的實力，抵禦到處掠奪的納粹德軍。但是，同樣的慾望，也導致數百萬名無辜的人於戰爭前後喪命。

研究指出，支配型風格的懲罰行為，不利於維持長期生產力，要是支配型領袖需要維持創新領導能力的話，就更不適用了（這邊可以回顧一整章跟創意相關的內容）。要了解替代方案，就必須探索雙重模型的另外一端，往「聲望」的方向前進。為了解釋這個風格，請看《聖誕故事》的第二個例子。

聲望型領導風格

這部電影有一幕晚餐的場景，主角的小弟藍迪（Randy），大約只有五、六歲，不吃肉捲、馬鈴薯泥、肉汁。

他的爸爸運用內心的支配能力，大吼：「好吧！我來叫他吃飯。拿螺絲起子和通馬桶的那支過來，我把他的嘴巴撬開，然後把食物灌進去。」

媽媽很快的介入，溫柔的問藍迪：「小豬豬長什麼樣子？」藍迪的精神馬上來了，開始學豬叫，大聲笑出來。媽媽察覺突

破的方法，馬上說：「沒錯，就是這樣叫！現在表演豬豬吃飯給我看！」媽媽指向藍迪盤子上的食物說：「這就是你的飼料槽，乖乖表演給媽媽看，豬豬怎麼吃飯飯！」

藍迪馬上向食物進攻，埋頭連手都不用的猛吃，一邊學著豬叫。媽媽看著藍迪滿頭滿臉都是馬鈴薯和肉汁，大笑著說：「這就是媽媽的小豬豬！」媽媽笑著看藍迪吃完晚餐，任務達成。

這個美好的畫面，可以完美展現支配型和聲望型領導力的差異。運用支配型領導力的人，仰賴的是不平等的權力分配，以利達成目標；使用聲望風格的人，仰賴的則是不平等的洞察力分配——媽媽知道怎麼樣才能讓小兒子吃飯，她運用這一點，就不必像爸爸要拿螺絲起子。有人稱之為「智慧」。

聲望型領袖擁有必要技巧與知識，能夠了解下屬的關係生態。為了激勵下屬，聲望型領袖會找出下屬的行為模式與原因，用以達成目標。這個細緻的手段，往往在支配型風格中看不到。聲望型領袖似乎直覺的認為，恐懼、憤怒、蠻力，最好留到不得已的時候才使用。如果你想到，聲望型領袖的心智理論很厲害，很懂社交，那麼你猜對了。

聲望型領袖除了眼神測試能夠拿高分以外，還有其他的行為特性。他們願意與自己關心的下屬分享資源；他們似乎也同樣在乎下屬的成就。聲望型領袖提供正面誘因，與支配型領袖多數提供負面威脅不同。支配型領袖傾向下達命令，聲望型領袖則偏好影響他人。

為什麼稱「聲望」呢？

那些實踐智慧和慷慨的領袖，通常能夠享譽盛名。他們累積聲望，追隨者就會慕名而至。運用聲望型領導力的人，通常不需募集追隨者，追隨者就會自願相隨。

他們的下屬主要是受到熟悉的關係安全感吸引。畢竟，知道自己能夠被理解，付出的辛勞有所回報，是很有力的工具。聲望型領袖能夠展現出強大的人際關係，所以與追隨者的關係，往往都會發展成私人關係。大家喜歡這類的領袖，想要眾星拱月，想要仿效。許多人認為這些領袖魅力無邊，但大家有時候也會受到支配型領袖吸引。

支配型領袖明快的決策能力，面對複雜、模稜兩可、有威脅的環境時，能夠提振追隨者的精神。當領袖的個人力量產生實際結果時，大家更會感激這股優勢。跟隨有洞見、能夠同理他人的人很舒服，但是這些特質，在戰爭中卻不管用。

所以這兩種領導力，一個運用拳頭，一個運用聲望。從科學角度來看，哪個比較好？

科學研究指出，這個問題問得不對。最好的領袖，在執行工具箱中要兩種能力兼備，也就是知道各自運用的時機。

但是，研究也顯示，其中一種風格的需求遠大於另一者。研究指出，商業相關的衝突，通常不太需要領袖心中的巴頓將軍出來處理，也就是說，支配的需求很罕見。更常見的，也是更重要的，就是高階主管和經理人必須每天面對的一般決策，這些決策每天需要點點滴滴的智慧，而且累積起來，才能驅策公司前進。這類智者擁有聲望，需要的不是有力的手掌，而是

靈巧的手段。「乖乖表演給媽媽看，豬豬怎麼吃飯飯！」是首選策略，絕對比哭喊「叔叔」還有用。

雙重模型

除了雙重模型以外，當然還有其他想法可以運用在管理上。有些研究人員把個人化的能力，也就是源自於個人能力的權力，套用在領導力上，不同於前述源自於職權的權力。

其他模型多數都會參考、納入平衡聲望型與支配型兩種元素，就跟雙重模型一樣。我是科學家，看到這麼一致的現象，我覺得事情不太尋常。

看看詹勒（James Zenger）的研究。他的團隊詢問了六萬名員工一個問題：什麼樣的老闆，才是很棒的領袖？

詹勒聚焦於兩個特點：著重於結果，以及社交技巧。著重結果的老闆，能夠達成目標，配合時程，提供符合承諾的服務與貨物品質；老闆如果社交技巧卓越，能夠清楚溝通，也能夠同理員工。

這些特質必須併用，老闆才會成功。要是高階主管或經理人注重結果，但社交技巧不高明，就只有14％的受訪者認為，這個老闆會成功。如果老闆的社交技巧像是和善的聖人，但是無法讓團隊專注和表現，只有12％的人認為，這樣的老闆會成功。但是，如果這兩個特質出現在同一個人身上，情形就不是這麼一回事了。詹勒指出，要是經理人重視結果，同時又有德蕾莎修女的性格，那麼會有多達72％的受訪者認為，他們追隨的是偉大的領袖。

一、驅策達標；二、讓員工相信目標。兩者組合聽起來就非常像是聲望－支配的模組。

　　商業作家麥基昂（Greg McKeown）則研究完全相反的方向，但遇到同樣的狀況。他想知道，員工認為哪些行為是壞主管的特質。

　　面談過美國頂尖公司的一千位員工後，麥基昂發現分成兩種狀況：大約有一半的人表示，最糟糕的老闆就是管太多、太獨裁、太想天天緊迫盯人。這些老闆被稱為「管太多的經理人」。

　　另一半的人說法則相反，他們說最糟糕的老闆是不夠投入，無法扛起責任，幾乎也不會提供回饋意見，其中多數是「好人」，但是個性親切的原因，卻是想要避免衝突，而不是想要有效管理。這群人被稱做「管不夠的經理人」。

　　那麼最好的老闆呢？走中庸之道的人。也就是說，他們的工具箱中具備兩種行為，也知道使用時機。不管走到哪裡，都可能會看到這個雙重模式。

　　但我還是覺得事情不單純。

嬰兒身上的研究

　　雙重模型在每個管理理論中都可以友情演出，但這個模型是否能夠說明某些本能呢？我們把自己排入威權－支配光譜，是不是因為本能呢？

　　其實，答案是「不確定」。但是，我們約略可以看到一些跡象指出，某些社交傾向並非完全源自於社交需求。舉例來說，

大家小時候，也就是嬰兒時期，就能夠偵測到對社會權力一致的反應。嬰兒好像具有行為模板，知道人類該如何互動，這些模板在人類約二十個月大就存在了。這些模板的元素似乎是聲望和支配的期望。有一位研究人員這麼說：

> 幼兒已經具有各個領導類型的認知模板……追隨者和旁觀者（即便還是嬰孩）能夠輕易辨認聲望與支配兩種類型風格的領袖，並取決於情境，分別套用在兩個類型上。

我們是怎麼知道的呢？了解研究人員衡量嬰兒認知的機制，可能頗有幫助。我們很久以前就確認了，嬰兒跟成人一樣，要是偵測到輸入資訊出現差異，就會盯得比較久。假設嬰兒在一個房間裡睡覺，房間有兩扇窗，窗戶外面各有一棵樹。如果砍掉其中一棵，嬰兒就會更用力盯著那扇沒有樹木的窗戶。這項凝視測驗很可靠，能夠讓我們知道嬰兒在注意什麼。

有一項社會權力相關的實驗很知名，其中讓 21 個月大的嬰兒看了一部戲，戲中成人領袖與追隨者以特定的方式互動。其中一位領袖展現出聲望型的行為，與下屬合作，就與《聖誕故事》中的媽媽一樣；另外一個則展現出支配型、威權的行為，就像是法克斯一樣。驚人的是，嬰兒能夠分出差別，他們根據認知到的領導風格，認為下屬會以特定的方式做出反應。

研究人員接下來讓嬰兒觀察特定互動。領袖下達指令後，就離開房間。研究人員運用精細版的凝視測驗，能夠確定嬰兒對於追隨者接下來行動的預期。要是領袖展現出聲望型行為，嬰兒會認為就算領袖不在場，追隨者還是應該要執行命令。但

要是領袖展現出支配型行為，嬰兒會認為，追隨者只需要在領袖在場時執行命令就好；如果領袖不在場，嬰兒就認為不需要服從命令。嬰兒好像腦海裡內建這樣的想法——大人不在家，小孩開轟趴。

研究人員的結論是，嬰兒會用運用與生俱來的社交模板，以及預測大家面對特定類型的領袖行為時，可能會出現什麼樣的反應。

這只是諸多資料中的其中一項實驗而已，結果顯示嬰兒具備認知模型，能夠了解人際互動，他們往往都會遵從雙重模型的基本原則。沒錯，這就是管理理論的幼幼版。

成人身上的研究

這些模板怎麼出現的？之前提過，不確定（當然可以討論先天／後天的議題，這本書的前面就討論過了）。有可能是與生俱來，也有可能不是。我們只知道，這個模板在嬰兒長牙時，就可以被偵測到了。

這些模板的研究對象，也包括學齡兒童。研究人員一樣發現雙重模型的證據，以及其對學齡兒童社交的影響。最知名學生往往都是領袖，但是最受歡迎的兒童，則會展現出雙重模型的兩種風格，而且能夠隨意轉換。

但難過的是，這個研究也指出，孩子如果在懲罰、威權的環境中成長，就無法隨意轉換風格，他們社交時會比較激進，展現出「外化行為」（externalizing behaviors），難聽點就是霸凌。他們長大成人後，會比較喜歡威權型的領袖。如果他們

自己成為領袖，就會偏好支配型的領導力。

　　高階主管最終選擇的領導力模板，對其人際關係會產生明顯的影響。他們的行為會影響家庭和工作，但這些影響到底是什麼呢？他們的領導風格對於商業活動究竟會有什麼影響呢？接下來該怎麼做，主管的行為才能夠脫離霸凌，真正提升公司的生產力呢？

　　我們會運用醫學院和商學院常用的教學工具提供解答，也就是案例探討。這個案例很簡短，是知名的德州安隆公司醜聞。這個醜聞讓人震驚，原因出在兩位執行長金德（Richard Kinder）和史基林（Jeffrey Skilling）大相徑庭的領導力。這個醜聞很難堪，卻能夠提供許多資訊，凸顯支配與聲望兩種風格的優缺點，以及後續的影響。

安隆案的爆發

　　我先快速介紹一下背景。安隆是一家能源公司，1985 年時，因為與德諾斯（InterNorth）休士頓天然氣公司合併而成立。該公司聘請金德擔任總經理與營運長，他領導公司走過發展初期，而促成合併的雷伊（Kenneth Lay）則離開公司，到華盛頓特區到處串門子。

　　金德適得其所，展現長才，照顧員工福利，甚至把員工的私事當成自己的事。所有報告都指出，他不是在控制關係，單純是關懷。觀察人士表示，他提倡的工作氛圍是「像家一樣的氣氛」。顯然，他的成長環境充滿詹勒所說的德雷莎修女的聖人元素，行為也反映出聲望型領導力的重要元素。

但是除此之外，金德的工具箱內，還是有其他的管理小工具。他了解同事不同於家人（舉例來說，同事可以開除，但是弟弟無法開除），他的管理風格也帶有較強硬的元素。他推動全公司執行工作道德，目標是要達成目標，準時交件，提供優質服務。公司逐漸壯大，他運用絕佳的記憶力，不斷觀察各部門的表現。他也力求透明，看到不對的地方，就會質疑高階主管，也會要求底下的經理人用同樣的方式對待下屬。由於這個習慣，他贏得了「紀律博士」的稱號。

　　他就算在意結果，還是展現出絕佳的人際技巧，聲望型的領導力因而造就出典型的成果。金德不接受遮掩，這點成為他的美德，讓公司擁有最罕見的特點：自願信任，誠實負責。

　　安隆的獲利也顯示，金德的領導方式奏效。安隆獲利最高的時候，就是他掌舵的時候，盈餘從 2 億美元攀升到 5 億 8 千 4 百萬美元，營收則從 53 億大幅增加到 134 億。

　　然而，金德遭到替換，非常奇怪。該公司董事會在 1996 年時開除金德。有許多文章、書籍、紀錄片都記錄這個轉變，不只是因為轉變來得太突然，也是因為結果十分慘烈。安隆雇用的接班人，把這艘蒸蒸日上的大船駛入冰山中，結果在 2001 年沉到海底。

　　這個惡霸船長就是史基林，他就是支配型的領袖。有人說，他營造的環境就是適者生存，他相信經營公司的最佳方式，就是狗咬狗，適者生存。

　　史基林基於這個觀點，馬上建立員工審核系統，建立同儕審查委員會。這個系統把所有員工分成一到五個等級；一是最佳，五最差，不看適任與否。除了評估員工以外，還加上公開

羞辱。績效審查會張貼在公司網站上，裡面包括受審查人的照片，還有職涯的死刑宣判。拿到五分的員工，可以被開除，或者可以兩週內在公司內部找另外一個職位。就算他們工作表現很棒，要是兩週內找不到新職位，就得打包走人。在史基林的帶領下，適才適所的理念只適用於弱小的人。

安隆倒閉

大家應該猜得到，員工對於手上的飯碗惴惴不安，鑿穿了安隆這艘船。員工開始把同事看成競爭對手，而不是一起工作的人，大家開始互相捅刀。主管把這個評估系統當作武器，給予忠誠的人正面的評分，而不是如實評估生產力。

這樣子的激進想法，也汙染了安隆對於客戶的態度。加州森林大火導致當地電網停擺，安隆有機會提高電價，一位高階主管居然開心的說：「繼續燒吧，寶貝，繼續燒吧，太棒了。」這個畫面被偷偷錄下來。

再加上史基林偏好高風險的作法，使安隆這艘船開始進水，債務開始累積。高階主管一開始想要隱瞞淹水的情況，欺瞞主管機關，但是腐敗最終還是藏不住。安隆在 2001 年宣布破產，若干名高階主管，包括史基林在內都鋃鐺入獄。安隆跌落神壇，巔峰時期股價為每股 90.75 美元；破產時，只剩下 26 分。

結論是什麼呢？領導力會產生影響。安隆並沒有大換血，只是把船長換掉，結果就天差地遠了。

下週一就提升領導力

雖說貴公司可能不像安隆，並未面臨極端的領導力問題，但大家來往的領袖，或許可能有相似的破壞性傾向，讓各位憂心忡忡。又或者，你本人就是高階主管或經理人，偏好支配型領導力，只是你不想承認。本章的最後，會討論如何避免重蹈史基林這類領袖的覆轍。我們不妨提早計劃，下週一該做些什麼。而要擬定這個計畫，需寫下的東西可不少。

我從一個根本迷思開始，史基林、安隆董事會和高階主管對「適者生存」做出了錯誤評估。史基林只聽片面的達爾文理論，也就是社會自私的那個部分，而完全沒聽到社會無私的部分，也就是樂見他人成功。科學家還在爭論，推動演化的主要是競爭還是合作，又或者是達成動態平衡，也就是競爭加上合作。高階主管如果只採納達爾文演化論的自私部分，就會嚴重影響他人。

安隆悲慘的價值系統基礎，是以自我為中心，恰恰能指出大家下週一該做的事情：**持續找出方法，不以自我為中心**。神經學提供許多指引，讓我們知道如何辦到這點。我們之後會探討兩個研究，第一個看的是，如何讓人不要抑鬱；第二個則想要了解，人們真正感到幸福快樂的原因。兩者指向相同的方向，推動人類對於「感激」的正式研究。

感激的態度

研究人員通常把感激分成兩種，一種簡單，另一種困難。

兩者結合後，就會產生正向的情緒。**簡單的是正視好事發生，難的則是知道「好事會發生」需歸功於他人。**要是能夠明白這點，滿足的情緒會滿溢，科學家則稱之為溫暖的感覺。

足球隊贏得一場比賽，但是踢出勝利一球的是隊友，而不是你。你知道這點，而且你能因為結果而感到開心，感謝隊友的付出，就會感受到暖心的時刻。**再把第二個元素圈起來，也就是了解成功需歸功於他人**，這樣就可以開始學習，如何不那麼以自我為中心了。然後，**再把隨之而來的正向感受圈起來，這是因為不把自己當成世界的中心，大腦會給予獎勵。**研究顯示，要是你能夠說服其他人不要一直只想自己，說服他們心懷感激，關係紅利就會慢慢累積，還有可能成為有為的領袖。

一開始發現這之間的關聯，是一項精神障礙的研究。研究發現，感激有益於接受治療的憂鬱症患者。感激能夠打開腦中的死結，降低憂鬱的時間和頻率。

感激對於不需接受治療的人，也有非常大的好處，能夠直接增進領導能力。舉例來說，能夠加強同理能力，抑制嫉妒、憎恨、攻擊等情緒。另外遇到敵人時，也能夠大幅降低報復的慾望。

培養感激態度的人，也能夠增進交友能力，維持友誼。俗語說得好，要交朋友，先把自己變得友善。心懷感激的人，比較能夠把重心放在他人身上，這又是無私的舉動，社交時也更體貼。持續與這類的人往來，能夠讓人想要與他們保持社交互動，改善關係，維持友誼。感激對於處理壓力的方式也有影響。持續心懷感激，不只能夠降低生活緊張，遇到壞事情時，也更能夠處理壓力。這些發現都站得住腳，而且能在患有創傷後症

候群的士兵身上看到。時常心懷感激的人，在戰場上受創後，復原的速度較快。

感激的神經生物學

我在星巴克的得來速時，曾經感受到感激的力量。這是一項人人為我，我為人人的體驗：前面的人先替後面的人付帳，輪到你付帳時，你才知道。這樣子暖心和感激的感受，總是讓我感動，我也會將這樣子的善意，傳給下一個人。

這些感受都有堅實的神經學基礎，我和各位心懷感激時，腦中至少有三個神經迴路參與活動。

第一個提供的神經傳導物質，就是血清素，大家可能都聽過了。它還涉及一個你可能從未聽說過的大腦區域——前扣帶迴（dopamine）。血清素的功用非常多，但主要任務是促進滿意的感覺，以及維持心情穩定（憂鬱症患者通常都有血清素調控的問題）。當你心懷感激時，前扣帶迴就會分泌血清素。有趣的是，這個區域也與決策有關，能夠協助各位評估，甚至是預測特定行為產生的結果。

第二個區域分泌的神經傳導物質，就是多巴胺，大家應該很熟悉，這是讓人心情愉悅的物質，能夠營造高興和收穫的感覺。心中充滿感激時，靠近腦幹的區域，就會分泌這種少量但強效的愉悅化學物質。這也是感激時會感到快樂的原因。

伴隨感激而來的，是這兩種強效愉悅的神經傳導物質，人們就會感到加倍滿足，也因此獲得回饋。這裡有個讓人開心的迴力鏢效應：**把重心從自己身上移開，不要只追求自己的快樂，**

而是重視他人的快樂，你隨後就會感到更快樂。難怪感激深刻影響著人類。

最後一個調控感激的區域，大概是最有趣的，絕對也是最難唸的，就是頂內溝（intraparietal sulcus，在雙耳上方）與額下回（inferior frontal gyrus，雙耳前方的區域）。功能是什麼呢？心算。多虧有這些區域，大家能夠量化日常生活，計算數字。但沒人知道，為什麼心懷感激時，這兩個區域會參與。有可能是大家把這兩個區域當成資產負債表，暗暗記下欠人的東西，又或者是不懷好意的記下別人欠你的東西。部分原因也可能是衡量感激的方式。許多研究感激的實驗中，當受試者進行腦部造影時，都會意外收到他人的金錢餽贈。

不管角色為何，感激的研究顯示出關注他人的驚人力量。好處從建立正向關係，到抵禦壓力都有。這聽起來好像是聲望型領袖能力的培養方式。

開始書寫

要如何一直心懷感激呢？感激一次是一件事，但文獻指出一些事實，讓人感覺不太舒服。雖說偶爾感激一下，可以帶來感激的好處（稍後會探討），但讓人訝異的是，需要時時感激，效果才能夠持續下去。養成持久、反射性的「感激態度」才是關鍵。

現實世界中已經測試過一些達到這個目的的實際練習，結果顯示確實有效，但要長期進行，效果讓人量得出來。有非常多的練習顯示，要寫下一些東西。

第一個書寫練習是感激紀錄。每天寫，就像是寫日記一樣，當中可以列出你今天感激的人、事、情況。可以列出一條，也可以寫很多，隨你高興。研究人員塞利格曼（Martin Seligman）建議寫三條。如果你能寫下這個人、事或情況讓你感激的原因，效果會更好。例如，對手真誠的跟你握手，你大概就可以寫下「意義重大，因為我以為我們是敵人」。

　　第二個練習，是要習慣自動自發的寫下感謝小卡。可以動筆寫下，也可以用手機和簡訊，也可以寫在腦中。有人對你做了什麼好事，可以在心裡謝謝他們，就算沒有打下來或寫下來，也沒關係。

　　第三個習慣是感謝小卡的延伸版，寫感謝信，然後帶著感謝的心情拜訪對方。想想看對你很重要的人，然後寫一封信給他們（300 ～ 400 字最理想），說說他們對你人生的幫助。如果可以，拜訪他們，把信唸出來。成功的話，應該還要帶條手帕，以免感動落淚。

　　要注意，你最好寫下具體的事情，要能夠捧在手中，眼睛看得到，嘴巴說得出來。會這麼建議是有原因的。大家想要把自己從世界中心撤出時，幾乎都會感到極大的阻力。要成功，就得奮力學習。要穩固你所學到的技巧，有一個很有用的方式，就是將認知搭配一項動作。這種多感官想法稍後會討論。這邊的目標是要立刻執行；三個月後，仍然持續進行。

　　書寫有另外一個優點很重要，就是能夠建立實際的紀錄。大家覺得受不了、灰心、疲累時，可以回顧自己的努力，追蹤進度。所以書寫就像是語言的樹脂，能夠鞏固這樣的經歷。

商業影響

感激，能夠強制停止我們以自我為中心。這樣的研究已經持續好幾十年了，內容包括商業人士有興趣的主題。舉例來說，領袖要是時常對下屬表達感激之意，下屬的生產力就能夠提升。有一項研究很厲害，看的是幫助校友會募款的員工。

主管定期表示感激的話，員工打給潛在捐贈者的電話數目，相較於主管聽從指示而不表示感激的對照組，多了 50%。感激，能夠刺激生產力，這個情形很常見，我們應該也知道原因了。如果領袖時常表示謝意，下屬就會感覺自己受到重視。

這些感受逐漸累積，讓員工有動力全力以赴，工作滿意度也隨之攀升。滿意度就是降低員工離職風險的魔藥。

時常表達感激的人，能夠受惠，特別是心理健康能夠更上一層樓。讓人驚訝的是，效果可以持續很久。就算中斷像書寫練習這樣具體的活動，心理健康的好處在十二週後依舊存在。

這些練習對於領導力有什麼影響呢？感激的效果就像是破冰船一樣，能夠突破自私的厚厚外殼，打開通道，引領他人。這對於拓展業務來說是件好事，因為前往生產力的道路，最好要明確、友善、無障礙。我認為，他人沒有義務追隨你，他們追隨你是因為他們想要，這點就是聲望型領袖的特徵。

所以下週一該做的事情很簡單：記取安隆醜聞案的教訓，向二次世界大戰的將軍學習。了解自己的領導能力中聲望與支配的比例；支配的部分，需要的時候再用就好。或許你會發現，自己的領導方式充斥著支配行為。最好的調整方式，就是直接面對以自我為中心的態度，試著練習心懷感激。運用本章

列出的技巧，你就能避免過度以自我為中心。你可以先向偉大的科學家學習，有數十位科學家發現，這件事情其實很簡單。

- **什麼樣的領導人最合適？**

  善用聲望（洞見和同理心）與支配（力量和權力）特點的人。

- **領導人該如何切換不同領導風格的時機？**

  多數時候，使用聲望處理日常任務；若是出現偶發衝突、緊急事件，需要明確快速的決斷時，則使用支配。

- **如何不淪為獨裁者？**

  不以自我為中心和常懷感激之心。領袖心懷感激時，下屬的生產力會更高。請以有條理的方式，持續寫下你感謝的對象，培養感激的態度。

6 大腦傾向冷酷，
在乎自身利益

大腦這樣想：

掌握的權力愈大，會變得比較不在意團體的利益；
情緒敏感度也會降低。

權力對人的影響很有趣。然而，正確來說應該是，權力可能會讓人表現出有趣的一面。

1970 年代烏干達獨裁者阿敏（Idi Amin）就是一個例子。他的統治時期惡名昭彰，腐敗、怪異、殘暴，因此讓他贏得綽號——烏干達屠夫。阿敏殺人如麻（殺了成千上萬個人）、性慾極強（有六任妻子，子女可能多達四十四位）、言語行為猥瑣。擅於諷刺、惡搞當今政治和文化的喜劇類綜藝節目《週六夜現場》（*Saturday Night Live*），就至少諷刺了他四次。他創造以下的頭銜，只要他在場，就得大聲唸出來：

終身總統暨元帥哈只・伊迪・阿敏・達達博士閣下，維多利亞十字獎章、卓越服務獎章與軍事十字獎章的持有者，地上萬獸與海中水族之主，非洲烏干達大英帝國征服者。

他還自封為蘇格蘭國王。

權力對人的影響，從《李爾王》（King Lear）到《大國民》（Citizen Kane），到現在輕鬆好玩的電視節目《我們的辦公室》（The Office）等虛構故事中，都有所著墨。節目中有一集叫做〈政變〉（The Coup），裡面的角色杜懷特是愛好權力又想要獲得接納的人，由威爾森（Rainn Wilson）飾演。杜懷特自封為助理區經理，對真正的區經理麥可的位子虎視眈眈。杜懷特與他心儀的同事安琪拉密謀奪權，但是麥可發現這個陰謀，決定將計就計。他跟杜懷特說自己要辭職了，把權柄交給他。杜懷特很快的開始大肆破壞，打算開除員工，與一位同事合謀篡位。大家當然被嚇壞了。最後，麥可揭開自己的計畫，免除杜懷特的權責，打亂他的好事。顯然，這些陰謀早在杜懷特的腦中成形了，一旦他獲得權力，這些想法馬上宣洩而出，曝露出杜懷特的真面目。或許時間夠久的話，可能整個人都會改變。

雖說阿敏和杜懷特的的例子來自於不同的事件，而且後者只是虛構，但又好像很容易出現在現實生活中。阿敏和杜懷特的相似之處，是以自我為中心，愛好權力，輕易忽視下屬的福祉，充滿權力的性慾。從他們的故事可以知道，人只要掌權後，幾乎都可能受到權力的逆襲

這個不良的行為要怎麼解釋呢？為什麼有些領袖能夠成功，而有些會自封為萬獸之王呢？權力究竟為什麼會把人變成野獸，又或者更準確來說，是掀開人皮，露出一直以來藏在裡面的野獸呢？要如何才能夠避免被權力沖昏頭？

解決這些問題前，要先定義。我們先從「權力」開始。我們使用的定義，由心理學家克特納（Dacher Keltner）提出。克特納研究權力的影響已經許多年了：

心理學中，權力的定義是改變他人狀態或心境的能力，運用的工具是提供或扣押資源，像是食物、金錢、知識、情感，或者運用處罰，像是體罰、終止工作、社交排擠等。

請注意，這個定義描述的能力，控制的不只是實體資源，還控制認知資源。某些領袖想要控制他人擁有的事物，有些則想控制想法，這就是為什麼這個討論到身心的定義非常重要。

但是，我們不只使用主觀定義來探討控制的神經學，研究人員也想出了量化研究方式。有一個方法商學院很常使用，與社會權力這個概念有關。社會權力可以用一個公式描述，也就是把一個人的淨值、年收入、教育程度、職業聲望用數字表示。毫不意外，對多數人而言，金錢與權力有關。考量到這點，數字愈高，就代表社會權力愈高。

社會支配、心理影響、高資產淨值──不管是什麼研究，權力說的完全就是控制資源。我們會使用克特納的定義，以及社會權力的概念，了解控制對人的確切影響。在這裡先爆雷：從「蘇格蘭國王」的案例可知，不一定會有好結果；但是從助理區經理的案例可知，有時候還滿有趣的。

監獄和電擊

控制思想和事物的能力，令許多人眼紅。這究竟是什麼樣的一種能力呢？掌權之後，行為會出現什麼樣的改變呢？研究人類行為的科學家，從最有爭議的兩個心理學實驗的結果了解權力。這兩個研究分別在美國東、西岸的史丹佛和耶魯進行。

加州的實驗由傳奇心理學家金巴多（Phil Zimbardo）在1971年進行，實驗名稱叫做「史丹佛監獄實驗」。金巴多研究正常的大學生，在一個虛擬監獄裡會發生什麼事。某些人擔任守衛，獲得所有的關係權力；有些人則擔任囚犯，只能做出配合守衛要求的行為。

　　金巴多當時並不知道，自己的實驗要失控了。四十八小時之後，「守衛」開始虐待「囚犯」，一開始是心理，後來則開始體罰。虐待得非常嚴重，所以實驗六天後就停止了（原本要進行兩週）。即便只是假裝，權力也很快就腐化人心了。

　　大家可能猜得到，這個實驗事後證實很有爭議。反對的人表示，原本研究的某些面向無法重現，而且能夠重現的資料有違倫理。即便有這些爭議，讓人不安的核心概念依舊存在。**權威會改變一個人，而且改變並不一定是良善的。**

　　金巴多的研究聚焦於在上位者的行為，耶魯的研究人員米爾格蘭（Milgram）在1963年做的實驗，探討的對象則是下位者。米爾格蘭的實驗做了26次，實驗對象各個年紀都有，每次都有三個角色：一位權威者（在這個研究中的權威是科學家）、一位實驗室「暗樁」（受薪演員）、一位受試者。實驗的一開始就說了一個謊：受試者得知他們要跟著暗樁（但受試者不知道對方是暗樁）做記憶測驗。暗樁每次答錯，受試者就要按下電擊按鈕，而且電壓會愈來愈強，最後一次的電壓甚至可以電死人，高達450伏特，按鈕上畫著一個骷髏頭和兩根交叉的骨頭。受試者無法看到演員，但是可以聽到他的聲音，以及對於電擊的反應。一開始，受試者按下按鈕時，演員會表示感到有一點不舒服，發出「噢」的一聲；但是，隨著電擊的強度愈來

愈強，發出的叫聲也愈來愈大。演員最後會懇求停止實驗，甚至尖叫。等到按下450伏特的按鈕，受試者就不會聽到任何聲音了。當然，從頭到尾這場實驗都沒有真的電擊。

米爾格蘭只是想知道，有多少人會按下致命的電壓按鈕。答案讓人很難過，幾乎有65％的人敢按下致死的電壓按鈕。以上兩個實驗都曾掀起風波，原因不單單只是實驗結果，研究方法論、解釋、可否重現、道德等都受到抨擊。但是，效果非常明顯，研究顯示權力會影響人類腦部；又或許，讓人更不安的是揭露出人類大腦的原貌。這一點也不有趣。

資產淨值問題

上面實驗描述的是極端案例。來看看沒那麼誇張、比較普通的例子，像是有人晉升，初掌資源，成為給予資源的人。他們的行為變化呢？是不是還會出現能夠察覺的改變呢？答案是「會」。另外，還有以下重要的發現：**權力讓人毛骨悚然。會變得比較在意自己的利益，而不是團體的利益。**這就是研究人員所謂的去抑制化。

其實，權力會促使領袖做出不該做的行為，甚至可能會違反道德。需要證據嗎？美國國家科學院（National Academy of Sciences）發表的一篇論文，解釋得很清楚。這篇論文檢視高資產淨值人士的行為，這些人習慣掌握權柄；另一群人就是低資產淨值人士，他們不習慣掌握權柄。這兩組人的行為在實驗室和「田野中」觀察後，兩相比較，結果讓人苦惱。

在實驗室中，高資產淨值人士玩樂透的遊戲時，相較於低

資產淨值人士，可能比較會作弊。實驗時若有選擇，他們也比低資產淨值的組別容易說謊。在衡量貪婪的實驗環境中，他們明顯較為貪婪，比如高資產淨值的受試者會從瓶子裡拿較多的糖果，即使他們知道剩下的糖果會捐給附近的小孩子，他們還是會拿得比較多。

這類行為族繁不及備載。高資產淨值的人，比較容易在談判時說謊；覺得自己能夠得獎時，也比較容易作弊，拿取東西，無視於東西對於他人的價值。除此之外，高資產淨值人士在「田野中」的表現，也顯示出相似的自我行為。舉例來說，有錢的人開車時，比較可能會違法。說明白點，他們相較於窮人，更可能闖紅燈，或是不禮讓斑馬線的路人（30%與7%）。

從這群不好玩的人身上，可以看到很好玩的狀況，而且這種狀況以像是讀心般的行為來解釋，會更清楚。其實大家早就知道了，就是「心智理論」。

缺乏心智理論

有許多科學方法，都能夠闡明掌權和討人厭之間的關係，這與缺乏心智理論的技巧有關。舉例來說，賈林斯基（Adam Galinsky）等研究人員指出，就算偶然的接觸權力，也會大幅傷害偵測情緒的能力。

賈林斯基在一項研究中，請受試者回想自己權力大於他人的情境（稱為實驗觸發），控制組的受試者則需回想昨天做的事（中性觸發）。之後，兩組一起進行敏感度心理測驗，衡量察覺情緒的能力。這就跟之前說的眼神測試很相似。

賈林斯基發現，以權力促發的組別，相較於控制組，錯誤平均多出 46％，而且對於情緒也比較不敏感。從眾多實驗中，他做出結論，認為權力會降低準確辨認情緒的能力，而且「觀點取替」（編按：perspective taking；從他人的觀點來看事情的能力，包含了解他人看到什麼、他人的想法和感覺）的能力也會因此下降。

　　這邊有兩件事要注意。**首先，情緒敏感度非常容易受到誘導而降低**；單單回想權力高於他人的情形，就能夠改變行為。順便告訴大家，這樣子的現象，之後我們會一直看到。**第二，要說到「減弱觀點取替」一詞。**以上代表心智理論的典型行為。

　　這點很重要，因為代表有些東西是神經可學家可以造影量測的。從他們的研究可知，心智理論的行為源自於大腦，由「心智化網路」（mentalizing network）這一系列的神經迴路調控。這個網路包含各式各樣拗口的腦部區域，從背內側前額葉皮質（dorsal medial prefrontal cortex，位於眼睛後方的區域），到唸起來有夠彆扭的楔前葉（precuneus，鄰近頭頂的區域）。

　　這時可以問一個非常重要的問題：人掌權後，是否可以看看他們腦中的心智化網路怎麼運作？**社會權力升高後，從他人角度看事情的能力就會降低**，原因是不是因為心智化網路出了問題呢？

　　答案是，沒錯。神經學家莫思克特爾（Keely Muscatell）在加州大學洛杉磯分校發表了一篇論文，標題是〈社會地位調控心智化網路之神經活動〉（Social Status Modulates Neural Activity in the Mentalizing Network），結論十分驚人，權力真的會改變腦部神經迴路。

同理的力量

所以說，**權力會影響心智理論**。權力也會影響到一個認知小工具，這個小工具聽起來很像心智理論，也有自己「非專業人士」的定義，這個小工具就是「同理」。要了解權力對於同理的影響，就必須定義同理。我們要使用的是非專業人士下的定義：**能夠正視並且分享他人情感空間的能力**。就像是同甘共苦。同理可體現於「除非你親身經歷，否則別評斷他人」這類的話中。

想想看，一位母親推著嬰兒推車，帶著剛學會走路的小孩，還有兩週大的嬰兒，走在商場中，到處走來走去，推著推車買食物。剛學會走路的小孩拉著她的裙角在哭鬧，她才想到，自己少帶一片尿布。她突然感到手足無措，坐了下來，把臉埋進手中。旁邊的老婦人從來沒見過這位新手媽媽，新手媽媽的困頓她全部看在眼裡，又聽到小孩子的抱怨，推測出是怎麼一回事。這位老婦人受到了影響，感受到新手媽媽的壓力，好像自己也承受著這些壓力。她站起身來，輕輕的搖著嬰兒推車，新手媽媽趁機把孩子的食物準備好。老婦人說：「我知道，現在很辛苦，但之後就會比較輕鬆了。」她把嬰兒推車還給新手媽媽，然後就走了，就如同她悄悄的來。

這位好心的陌生人，顯然表現出同理心。學界有兩種同理，**第一種是認知同理心（cognitive empathy），就是願意了解他人的情感經歷**（有些研究人員認為，這就是老派的心智理論）；老婦人展現出她的認知同理，辨認出新手媽媽的表情、姿勢、聲音的改變。**第二種是情感同理心（affective empathy）**，這種

就是老婦人能夠感受到的情緒，覺得自己好像就是那位母親。

研究人員發現，掌權的人同理能力會降低，不論是哪種同理心都比較弱。研究人員祭出神經造影技術這個大大的生物武器，來解釋原因。

他們做了一項實驗，檢視腦中的同理中心，受試者的資產淨值有高有低。受試者的大腦接受造影時，會看到癌症病房裡的兒童照片，張張令人心碎。受試者較貧窮的話，同理中心的活化程度較高；受試者有錢的話，同理中心的活動就較低。

之前提到的神經學家莫思克特爾發現，高資產淨值人士無法輕易了解他人的內部動機和目的。缺乏同理心的情形，也可以在社會權力高的家庭中被看到，而且大約四歲就可以開始看到。亞利桑那州立大學的研究人員光是觀察頭皮表面的電流（腦波），就可以偵測到同理心改變。

研究人員運用「事件相關電位技術」（EPR），透過像是頭套的東西，量測表面電力。他們發現同理網路在掌權的人身上，活化程度就是比較低。他們也發現，有權力的人幾乎都不知道自己有缺陷，以為自己跟其他人一樣有同理心。但神經學顯示完全不是這樣。

要是有錢、有權的人比較沒同理心，那麼較無權勢的人，是否比較有同理心呢？答案是「沒錯」。研究人員指出，社會權力較低的人，相較於權力較高的人，同理準確度測驗的分數較高（沒錯，是真的）。社會權力較低者，在實際互動中，評估他人情緒時也較準確。研究人員更進一步，除了觀察頭皮電力改變，也觀看即時腦內活動，結果很不幸的一致，但頗具啟發性。

仿造同理心

　　發揮同理心時，大腦是否可以造影？說來很不可思議，答案是「可以」。研究人員運用非侵入性的造影儀器，像是功能性磁振造影（fMRI，是一種使用外部磁鐵量測腦部血流變化的儀器），來偵測大腦內部活動。他們利用這項很厲害的技術，觀察那些人們發揮同理心時腦內的情形，結果發現一些神經網路，並以更衣室裡最多的東西命名——鏡子。這些厲害的神經迴路具有反射能力，被稱為「鏡像神經元」（mirror neurons）。

　　鏡像神經元是功能很特別的神經迴路，它因應外部資訊的方式很特別，會模擬特定行為的活動，導致鏡像神經元的主人具有身歷其境的感覺（顧名思義）。舉例來說，看到有人在打流感疫苗的照片時，鏡像神經元會讓你覺得自己也在打針，所以皺起眉頭。我們運用腦部造影技術，偵測反應與皺眉的時刻。腦部造影非常有用，能夠看到認知同理心（心智理論），以及情感同理心（感受）。

　　加拿大的研究團隊運用鏡像神經元的反應力，觀察權力對於腦部的影響，他們設計的實驗近似於賈林斯基的回想實驗。實驗中某些受試者需要寫文章，回想有一方對另一方行使權力的情境，之後再接受測驗，檢視腦部，評估鏡像神經元的活動。結果發現，他們的鏡像神經元大幅活化，拿下三十分（高分）。

　　其他受試者則需要寫文章，回想自身處於弱勢的情形，他們的大腦活動也跟第一組一樣接受評估，結果發現鏡像神經元並未大幅活化，活化程度甚至低於平均線，平均分數為負五分

（很低）。

　　就跟之前提到的行為研究一樣，就算只是回想而已，權力都會對同理心產生影響。過去的行為科學研究就發現，權力會影響大家應對世界的方式。

　　還有許多研究也發現了這點，只是這次的例證來自於神經元。鏡像神經元能夠預先量測理解他人的能力，但是權力會消除這個能力——關閉人際關係的雷達。

　　後果是什麼呢？開始帶領團隊後，不諳社交技巧，是否是件壞事呢？絕對是壞事，這從許多面向都可以看到。我們舉兩個例子：樂意將他人物化、以及對於糾正和監督無動於衷。兩者都可以用一部樂團電影解釋。

工具與手段

　　我剛剛提到的電影是 2014 年上映的《進擊的鼓手》（*Whiplash*），電影背景是競爭超級激烈的音樂學院，非常像是現實世界。西蒙斯（J.K. Simmons）因為出演這部電影，獲得了奧斯卡獎，真是眾望所歸。他扮演的角色是喜怒無常的爵士音樂教授，名叫佛烈契（Terence Fletcher），教學風格極為霸道，簡直就是匈奴王阿提拉。他對學生大吼大叫，取笑他們的體重，威脅且羞辱學生，甚至用椅子砸了一名學生。這位學生努力練習，練到雙手鮮血淋漓。佛烈契教授對學生說，這是他的樂團，沒有一位無能的學生可以破壞他的名聲。

　　佛烈契的行為影響了學生，多數人低頭服從，淪為工具，目標就只是要保留「教獸」的名聲。有許多原因讓學生感到害

怕，最主要的，就是佛烈契很奇怪，很容易物化學生。這是權力對於人類極大的負面影響之一。

物化是什麼？我喜歡用「工具性」（instrumentality）這個字來定義，主要是因為工具性可以被衡量，也就是把人變成工具的意願，用以達成領袖的目標。下屬的先天人格受到剝奪，淪為工具。研究指出，人獲得權力之後，就會想把下屬變成工具，而不是當成人對待。在《進擊的鼓手》中，學生只要走音，就會被踢出樂團；要是演奏的速度不夠快，就會被換掉，無法獲得身為人的尊重。電影把學生譬喻成工具，實際上學生也只是工具，目的是要讓佛烈契的樂團演奏出美妙的音樂。

雖說把人當作工具，是史丹佛監獄實驗中的一大發現，但是這個情況處處可見。人只要掌握權力，不管是在運動隊伍、商業情境，甚至是練團，都會出現這樣的傾向。有一篇很棒的論文，描述六個不同的職場實驗中的工具性。這些實驗從單純衡量高階主管和下屬的行為，到刺激本來權力中立的人感覺自己有權力的實驗，通通都有。論文的結論指出：「各項研究皆指出，權力導致物化，意即傾向以社交對象之實用性來評斷對方，忽視較不具實用性的特點的價值。」

更糟糕的是，掌握權力的人會隨意物化他人，因為他們覺得自己愈來愈不受普通行為規範的束縛。這個習慣很常見，還有自己的名字：傲慢症候群。擁有權力的人會愈來愈覺得理應如此，似乎自己不必遵守規則。我們怎麼知道這點呢？目無綱紀的態度，就在之前說過的回想權力實驗中可以看到。掌握權力的人，在實驗情境中（測試樂透遊戲的財務報酬率）作弊的機率高出 20%。他們也比較可能逃漏稅、騎偷來的腳踏車、超

速等。

這樣恣意妄為的態度，也會延伸到人際關係。比如說，我們之後會看到，掌權的人更可能會偷情，更容易進行不安全的性行為。研究人員是這麼說的：

擁有權力的人，不只是因為不會受到懲罰，才去拿取他們想要的東西，也是因為他們認為自己有權可以這麼做。

像是比賽勝出的樂團領袖，就有理由虐待學生，還能恣意妄為，不受處罰，畢竟他是領袖。有趣的是，反過來說，也正確。沒有權力的人，往往不會運用自己微乎其微的權力占便宜，他們覺得自己沒有權力這麼做。只要是掌握權力的人，會認為自己能夠隨意使用權力而不受懲罰，無論學生是否彈錯，都會輸掉。

大漩渦

我們之前討論過，給予權力，甚至只是讓人想起掌權的時候，就能夠改變行為。這些發現，在工作場所會有什麼影響？

有一位高階主管獲得新的權力後，行為模式可能會大幅改變。要是不小心的話，這場風暴會演變成巨大的行為漩渦。剛掌權的人，很有可能會面臨眾叛親離。

大家可能在以前的公司看過這樣的場景。比如說，有人掌握新的權力，升官了，這個人就變得比較關心自我利益，他突然比較容易違反道德。他們比較不在意團體，而是自己。與周

遭的人可能會開始產生摩擦，可能會感到懊惱等複雜的情緒，有時還容易嫉妒。

這個自私漩渦慢慢成形時，掌權的人就會愈來愈忽視摩擦，無法正確判讀下屬的表情，不了解其他人的內心。下屬看到那位高階主管變得自私，也開始不開心，但高階主管已經無法注意到下屬的心情了。

這樣的場景讓人心碎。下屬的感受，對於剛當上主管的人來說，可能並不重要。要記得，人掌權後，會輕易的物化他人，把他人看成可以隨意使用的工具，而不是人，這個轉變非常殘酷。人若是剛獲得權力，就失去同理、理解他人的能力，假以時日，這樣的高階主管就會失去職場上的朋友，最多只能與他人結盟而已。

更糟糕的是，他們的情緒雷達關掉時，理所當然的自私會滲透到他們的內心。他們會以為，自己有權力，王子犯法，便不會與庶民同罪。甚至，公司一般會給予升官的人什麼獎勵？更多的錢！這讓剛升官的人更容易恣意妄為。

雖說這樣的行為非常糟糕，但我們還沒講到這個漩渦最嚴重的社交後果——就是不當的職場性騷擾。這個後果非常嚴重，曾引發全國的抗爭活動。我們之後會看到，這種行為的來自於權力。接下來，我們就用幾位深諳權力的人所說的話，來揭開這個騷亂的結果。

歌手、作家、征服者、國務卿

美國前國務卿季辛吉（Henry Kissinger），在他執政時期

以及最近，都獲得最性感政治人物的頭銜。他戴著厚重的眼鏡，有濃濃的德國口音，在大眾面前表現得滑稽好笑。想到季辛吉時，「性」大概不是大家首先會想到的字，但他的私生活卻登上八卦新聞多年。有人問他，為什麼等到七老八老了，才想再婚（他之前離婚過）。他引用可能是拿破崙說過的話：「權力是最終極的春藥。」

音樂人賈奈兒・夢內（Janelle Monáe）在 2000 年代後期出道，她對於性和權力也略懂。她有一首歌，叫做《搞砸了》（Screwed），有一句歌詞大家覺得出自王爾德（Oscar Wilde），但是真正的來源沒人知道：「除了性以外，每件事都是性，性就是權力。」

夢內和季辛吉可能都不知道的是，這些話有神經學的佐證。不同國家、不同面向的研究，包括行為和生物化學的研究，都證明了這一點。

首先，來看佛羅里達的研究。受試者有男有女，使用的方法是決策模擬和字根聯想（題目是「這個字讓你想到什麼？」）研究人員測試他們的假說，看看權力是否會引發「交配動機」，這是穿著達爾文演化論外衣的「性興奮」狀態。受試者興奮的比率，平均多出 33%。科學家指出，「權力高於一名異性，就會活化『性』……顯示刺激了交配目標」。他們的結論是「權力……就是提升性慾的元素」。

研究人員把這個發現稱做「性過度知覺」（sexual overperception）。他們也發現，權力不只提升性慾，也會產生與性相關的妄想，讓人以為自己的性吸引力過強。這個概念稱為「自感配偶價值」（self-perceived mating value）。擁有超強性期望

的人，他們的想法並不實際。他們覺得自己突然變得莫名性感，下屬當然會被吸引。有趣的是，研究人員發現，男女都會因為權力產生這樣的感受。

我們都曾看過，因為性過度知覺（性慾上升），加上性期望（以為自己的性吸引力高過他人的認知）造成的事故。2018年《紐約時報》的一篇文章指出，對權力上癮會造成多大的影響。文章表示，有兩百多個人，其中多數是男性，因為不當性行為而辭職、終止雇傭關係、被逮捕，褫奪權力。#MeToo 運動凸顯的，就是哪裡都可能發生犯罪——從董事會會議室到教室，從好萊塢到高階主管辦公室，到華府國會辦公室，通通發生過。辭職、被開除、被逮捕。

顯然，性與權力狼狽為奸，而且破壞力極大。這樣子的關係有毒，而且關聯性已經被確認。我們需要以生物化學的層次再檢視。

都是激素的錯

行為科學研究確立權力與性過度知覺之間的關係。那麼，從生物化學的角度來看，結果怎麼樣呢？是否也有出現改變呢？

沒錯，有改變。我們把重點轉移到內分泌系統，也就是身體裡面的腺體網路，功能是製造且分泌激素。我們會特別談談睪固酮，這大概是人類身上最受誤解的激素。

大家都知道，睪固酮（testosterone）一直以來是公認的雄性激素，充滿男性氣息，讓人心跳加速，造就了上萬檔充滿女

性福音的電視廣告。但是，這麼說不完全正確，因為睪固酮不是男性特有的激素。許多年前，這個固醇類激素，就在兩性中都可以測到相當的量（不過，由於月經的關係，這個激素在女性身體裡的角色較為複雜）。喚起性慾時，睪固酮就會上升，每個人都是這樣。

心理學家范恩（Cordelia Fine）在著作《睪固酮暴龍》（*Testosterone Rex*）中主張，大家除了以為睪固酮是男性專門激素以外，對於睪固酮還有許多迷思。她也解釋睪固酮和攻擊、喚醒等特定行為間的關係，不管在男性還是女性身上都被過度簡化。事實證明，是身體釋放激素與社交架構合作，以因應社會情境並加以控制。

我們來看僅有男性的運動例子。英國劍橋大學的一項研究，故意辦了一場許多男性參賽者的划船比賽。科學家說服一些參賽者，讓他們以為自己贏了比賽（但實際上沒有）。結果發現，實際上是否勝出並不重要，這些參賽者的睪固酮濃度，與以為自己輸了的控制組相比，遠遠超出 14.5%，控制組的睪固酮濃度還因此下降至少 7%！

除了生化指數以外，研究也測量了受試者的行為，顯示睪固酮濃度上升，也會提升性慾。研究人員發現，贏得比賽的男性，比較有可能會去找女性約砲。這些男性受試者也展現出自感配偶價值（這個結論是不是很耳熟呢？）。

科學家是這麼說的：

這些男性⋯⋯比較有可能會接近有吸引力的女性，想要與她們發生性關係。

研究也證實范恩在書裡的主張。研究人員指出，「控制激素的內分泌系統會因應情況而改變」，這句話非常重要。當掌握權力這樣的狀況改變，會刺激內分泌系統，分泌睪固酮等激素。

　　為什麼權力會對普通人產生如此不普通的影響，導致人體的生物化學改變呢？說起來也複雜，可能受到若干因素影響，包括各種演化習性，包括社交需求，以及大腦對於節能的執著。

朋友與經歷

　　毫無疑問，我們是社交生物，需要互相問候，這點其來有自。之前討論過，社交從演化角度看來，是必要元素。為什麼權力會降低掌權者的心智理論與同理能力呢？答案很不堪：因為我們的行為模式就像猿猴。

　　很久以前，研究人員就發現，我們會建立社會階級，就跟其他靈長類一樣。但相較於這些遠親，我們更在意社會階級，所以我們的社會階級制度又更細緻、複雜。我們花了很多時間，揣測別人對我們的看法、如何預測他人行為，或許也會考慮如何操縱他人。我們建立了同盟的概念，樹立敵人。

　　這樣的社交結構其實很耗費生物能量。大腦本來就會消耗我們 20% 的能量（但只占 2% 的體重），這些能量則用來建立與維持社交關係。所以，大家往往會說，派對等社交活動過後老是筋疲力盡。

　　然而，為什麼我們會願意承擔這樣的成本？答案一樣也很難堪。社交關係非常重要，因為我們在生物學界，不論從以前、

到現在都很弱。齒若編貝、纖纖素手、裝備不足，無法打贏地球上多數的大型生物。大家一定很納悶，為什麼我們會成為世界頂尖的狩獵者。

但我們就是世界頂尖的狩獵者。我們的大腦充滿能量，花了許多時間學習合作。心智理論以及概念類似的同理心，可能承受了多數的重責大任。畢竟，要是能夠預測他人的意圖，就能夠預測他們針對特定情形的反應。而忙著預測的同時，同理心也會帶給你善良。

這項技能在危機四伏的非洲塞倫蓋蒂大草原中，非常有用。這時，就會聯想到合力狩獵，照顧孩童。要做這些事情，生物質量就需要雙倍，但我們的生物質量其實維持不變，而是透過與他人合作，甚至建立友誼。這些概念涵蓋於「社會腦假說」（social brain hypothesis）中。

這些概念，跟掌權的人變得比較無法維持人際關係，到底有什麼關係呢？大概有以下幾個原因，包括大家都知道「曲高和寡」的感覺。當然，新官上任會面臨完全不同的關係挑戰。大家會開始取悅他們，但大家要的不是友情，而是人情。如果這樣的情況經常發生，領袖就可能會懷疑大家心懷不軌，接著會感到孤立，愈來愈少與人互動，又因為生疏而喪失社交技巧。而且，其他研究也指出，曲高和寡不如大家所想的那麼嚴重。有一個研究團隊探討孤獨與執行權威，他們這麼說：

我們猜測，權力的心理優點，就是能夠取代社會群體歸屬感的人性需求。

換句話說，要是大家仰賴盟友才能生存，一旦生存不是問題，就沒有那麼需要盟友了，人類的心理也會有所調整。研究團隊繼續解釋：「結論顯而易見：權力會降低孤獨的程度，因為人也會覺得比較不需要與他人建立親和的關係。」

　　從演化的角度來檢視這個觀點：權力確保自己生存無虞，不需要他人。「孤獨」這個大腦用來驅策大家社交的負面動力，也就沒那麼有效了。用來結盟的正面工具，像是心智理論和同理心，也沒那麼必要了。為什麼不需要盟友，還需要花那麼多力氣去維持呢？在達爾文腹黑論中，朋友，相較於有權有勢的人，用處沒那麼大。這樣的說法很殘酷無情，但也在意料之中。在非洲塞倫蓋蒂艱困的環境中，生物就是要生存。

因應裁員

　　還有一個原因，可以解釋權力和同理心為何呈現負相關。這與許多高階主管眼中的一大挑戰有關——裁員。

　　掌握權柄的人，面對需要裁員的情形，往往馬上會出現內心的衝突。多數高階主管會覺得「雙手沾滿鮮血」——至少一開始是這樣。許多人會開始出現憂鬱的徵兆，像是失眠、出現壓力的相關健康問題等。要避免高階主管因為責任而手足無措，就得談談因應機制。

　　其中一個常見的作法，就是策略性撤退。有時候，部分高階主管在情感上會與同事保持距離，因為自己身為主管的職責，不想讓同事承擔後果。或者，執行軍隊教導士兵的作法：不把人當人看，而是槍靶。對下屬說的話可能會變得比較技術性，

或是比較疏遠；對話會愈來愈委婉（「我們正在朝另外一個方向發展」）。似乎這樣做，準備揮出的斧頭就沒那麼銳利了。

這樣的作法確實有效。一段時間後，同理心的開關就會關閉。這結果讓人不意外，因為權力已經滲透人心，物化周遭的人。**抽離情緒一旦過頭，就叫「道德解離」**，如此一來主管的情緒就不會受到影響。這點或許就可以解釋，為何許多掌權者社交技巧都很生硬。主管的情緒愈來愈抽離，得以加強情緒防護，這時可能會出現輕度錯覺，低估自身行為造成的後果，以為看不到傷害，就沒造成傷害。

從神經學的角度看來，這好像就是在節省能量。沒錯，這個現象在全世界都可以看到。多數的研究人員相信，這個現象古今皆然，是人類主宰世界和對方所付出最高昂的代價。

僵固的階級

節省能量或許能夠解釋為何權力會戕害維持關係的技巧，但是，權力為什麼對於性有影響呢？從達爾文演化論的角度，是否可以解釋權力為何會刺激性慾？

多數演化生物學家表示，這個現象確實其來有自。說到這個，就得說到為何多數會社交的哺乳類，體型不必長得像是乳齒象一樣（生物質量大兩倍），就可以存活下來。雖未經證實，但不言自明。根據科學家的研究，雄性靈長類的首領坐享齊人之福。這很合理，因為後代也會比較繁盛，能夠建立更強大的家庭團隊，提高生存機率。

人類是否也是這樣呢？答案是：大概吧。

人類的社會結構更為複雜，所以無法一一對應。薩波斯基（Robert Sapolsky）是史丹佛大學的神經學家。他指出，一個人在某個社交圈的地位很低，卻可能可以主宰另外一個社交圈。但我們並未因為這樣複雜的情況，而完全脫離遠古的習性。

多數研究人員認為，猩猩和人類共同的祖先（約在600萬～900萬年前分化），具有首領的特性。許多人相信，如此不平等的行為結構，在21世紀還是看得到。我們探討過的研究指出，真的留有一些痕跡。

舉例來說，人類一旦取得權力，要活下來，就必須願意把性帶入周圍的人際關係中。因此與他人建立關係時，比較容易激起性慾。掌握權力後，性慾就隨之而來，然後小孩就會生出來。

經得起測試的假說源自於這些想法。我們已經討論過其中兩種：**性過度知覺（累積的權力愈多，性慾就愈高），以及自感配偶價值（掌握的權力愈大，覺得自己愈性感）。這些行為都有演化的理由，目的都是提高人類生存的機率。**人類在野外脆弱不堪，而且能繁衍的日子，每個月也才幾天而已。我們雖然已經離開非洲莽原了，大腦卻還是以為我們活在那裡。

預防教育

有辦法能夠避免大腦掉入權力的陷阱嗎？

幸運的是，答案是「有」。行為科學恰恰能夠解釋，不同於許多轉譯研究，其實方法非常的簡單——提出警告。

新主管上任，掌握權力前，需要有人坐下來跟他們好好談

談，預先提出警告。他們需要事前了解，一般而言，權力對自己以及下屬關係的影響，知道自己可能出現的弱點。他們也必須知道，自己可能會恣意妄為，逍遙法外，也可能出現性過度知覺。新主管應該要看看這個章節引用的資料，最好可以把這個章節全部看完。

事先攤牌這一招具有實證的基礎支持。不管是要提拔同仁，或者是自己要升官，只要知道權力可能會造成討厭的誘惑，可能要你付出代價，就能夠有效抵禦誘惑。研究人員甚至替這種預防方式取了名字，稱之為「預防教育」。

不敢相信方法就這麼簡單嗎？預防教育對於醫療專業人員的效果很大，有助於避免醫療疏失。研究人員指出，最常見的醫療疏失客訴，源自於溝通問題，甚至都還沒開始動手術。這些客訴說的其實是「醫師並未事先告知可能會發生的事」。

研究團隊想到一個很好的點子：要是醫師事先提出警告，那麼會怎麼樣？如果先提供完整資訊給病人呢？如果醫師犯錯，然後告知病人，而不是文過飾非呢？如果他們道了歉呢？

結果很驚人。病人如果術前得知資訊，術後焦慮和抑鬱程度會降低，止痛藥劑量較低，併發症也較少，住院天數較少；行政部門也很開心。密西根大學的數據指出，訴訟數量幾乎降低三分之二。行政部門省下 61％的律師費，之後的稽核數字更顯示，理賠率（每位病人）降低 58％，但同期該院醫療活動上升 72％。醫療行為增加，但成本降低。

結論是什麼呢？事先告知病人是樁好買賣。研究人員甚至可以找到原因。海德堡大學也施行類似的作法，研究團隊發現，「教育與照護活動，可以於手術前後提升病人的身心健康，原

因是教育與照護活動能夠維持或增加病人掌握狀況的感覺」。換句話說，預防教育奏效，是因為大家能夠預測，就像是氣象預報有助於大家做好準備，因應即將來襲的風暴。

但是，病房與高階主管辦公室不同。把權力交給他們時，告知他們可能會出現的狀況，是否也能夠讓他們有掌握狀況的感覺呢？預防教育是否可應用到商界呢？就算醫療與商業八竿子打不著邊，但好像也沒關係。答案很令人開心，「可以」。

大刀闊斧的改革

人類的行為模式，並不會因為你要求乖乖聽話就跟著改變。成功的改變很少見，令人遺憾，但也並不是沒有。

極少數方法能夠預防權力造成的破壞，其中多數都涉及知識轉移。有個有趣的研究，探討維持兩性的專業關係，尤其是權力不對等的時候。這個研究的主持人為心理學家史密斯（David Smith）和社會學家強森（Brad Johnson）。他們探討職場互動最狡詐的部分：指導下屬，特別是男性指導女性的情況。

他們發現，師徒制的關係通常都是純粹的工作關係，前提是雙方要事前知道可能會發生的行為陷阱。他們發現，要是雙方了解吸引力背後的行為科學，也就是性過度知覺和情緒弱點，比較不會產生不恰當的職場關係。史密斯和強森的論文發表在《哈佛商業評論》，後來也在著作《雅典娜崛起》（*Athena Rising*）中說明細節。

教導大家行為背後的原因很有效。事前取得資訊，效果很好，能夠維持友善但又專業的職場關係，非常像是醫師為了降

低訴訟而做的術前溝通。所以說最好的解決方案，就是告知剛上任的新官未來可能會發生的情況。我一定要說，決定性的研究其實並不多，這類的行為研究資源不足，令人吃驚。雖說教育很有用，但並不是萬能。如果讀者不相信以上經同儕審查的資料，光聽到這些事實，只會更加懷疑，視為更多的「假新聞」。讀者要相信科學，了解機制，才能夠促進改變。

如果員工、主管、公司認真看待這些資料，將警告納入管理計畫中，就很有可能能夠省下後續的成本。只要掌權主管的想法和行為可以改變，許多讓人痛心的事情也不會發生。這些資料很有效，能夠抵禦權力創造出來的怪獸，確保掌權者不會希望自己成為萬獸之王，或者是蘇格蘭國王。

- 新主管上任前,需要有人坐下來跟他們好好談談,預先提出
  警告。他們需要事前了解,權力對自己以及下屬關係的影響,
  並且知道自己可能的弱點。

- **如何避免主管因為責任(權力)而產生過大的壓力?**
  透過「預防教育」,知道權力可能會造成討人厭的誘惑,可
  能要你付出代價,就能夠有效抵禦誘惑。

7 大腦喜歡引發情緒的故事

大腦這樣想：

在開講的十分鐘內，就要透過情緒的刺激，
引發大腦的興趣。

有誰想得到，出現汽水、70 年代低俗迪斯可音樂、足球球衣的短片，會成為一炮而紅的廣告呢？

這個廣告一開始的畫面，是一條運動場的通道，右邊有位九歲的小男孩，拿著廣告主角可口可樂。真正的名人在左邊，他是喬·格林（Joe Greene），1979 年非常勇猛的一位美式足球選手，天生魁梧。當時他還沒那麼可怕，但難過的是，他受了傷，一跛一跛的穿過走廊，低著頭，球衣披掛在一邊的肩膀上。

那名男孩出聲喊：「格林先生？格林先生？」格林停下腳步，看起來有點惱怒。

他低吼：「蛤？」

那名男孩一臉無辜的問：「需要幫忙嗎？」格林拒絕後，繼續一跛一跛的走。那名男孩沒有放棄，大聲的說：「我只是想要你知道，你是最棒的！」然後又問：「想喝我的可樂嗎？給你。」

那位不悅的巨人停下腳步，態度軟化了一些，接過男孩遞

給他的瓶子。格林大口大口的喝下，可口可樂的標誌就大大的秀在畫面中。迪斯可舞曲愈來愈大聲，格林咕嘟咕嘟的喝完可樂。小男孩嘆了口氣，看起來被冷落了，垂頭喪氣的轉頭離開。

　　格林叫住他：「嘿，小子，接著！」這時他沒有齜牙咧嘴了，把球衣丟給男孩，開懷大笑。這一幕贏得觀眾的歡心，也包括廣告主的心。這則廣告於 1979 年奪得許多大獎，包括知名的克里奧國際廣告獎（Clio）與坎城國際創意節（Cannes Gold Lion），全世界爭相效仿。雜誌《電視指南》（*TV Guide*）還將其列入卓越廣告清單中。

　　這一點都不讓人意外。

　　廣告裡有刻意放入的元素，能夠抓住我們的注意力，牢牢黏著我們的神經元。我們之後會探討能夠吸引注意力的元素，了解這些元素能夠讓我們專心觀看電視，也能夠幫助我們在董事會會議室、教室，或者任何大家需要用心聽你說話的地點。

聚光燈

　　為什麼我們會特別記住某些資訊呢？答案不言自明，就是我們會特別注意引人注目的事物。因為我們特別注意這些東西，所以這些東西就更能被記住。

　　這樣子近乎迴圈的推論，雖然大抵正確，卻也很匪夷所思。有許多不同的假說解釋，我們為何會特別注意某些細節，卻又馬上忽略某些細節。

　　第一個假說，叫做聚光燈理論（attentional spotlight theory），這個想法源自於視覺研究，科學家探討我們的目光為

何會盯著某些東西看，而忽略其他東西。波斯納（Michael Posner）等科學家很快就發現，這個命題不對。他發現，眼睛不需要盯著某件東西，也能夠專注（結果指出，不用盯著看，也能注意到）。反倒是，我們腦中好像有個焦慮的指導委員會，掃描各種感官體驗，像是吹到冷風的感覺，或聞到燒東西的味道，尋找有趣的東西引起我們的注意。這個指導委員會接著根據兩種輸入資訊：大腦認為該注意的東西，以及實際在那邊的東西，決定我們該注意什麼。研究人員甚至認為，他們找到了這個神經委員會的所在地，就是額頭後面的前額葉皮質（prefrontal cortex）。

　　並不是所有人都相信聚光燈理論。許多人認為，這個理論並未通盤考量專注的相關元素。他們指出，這個理論很難解釋研究人員口中的過濾系統（filtering system）。批評這個理論的學者認為，我們注意某些輸入資訊時，就會忽略其他輸入資訊。至少，我們腦內複雜的注意力指導委員會處理資訊時，會諮詢一樣複雜的「別注意這個」子委員會。這個子委員會並不在前額葉皮質，反對聚光燈理論的學者認為是在視丘裡。視丘是古老的神經結構，深藏在我們的頭腦裡，功能主要是控制運動和感官訊號的交通，提示特定腦部區域處理特定輸入資訊。有跡象顯示，視丘也負責督導注意力過濾功能（至少老鼠是這樣）。

　　在我們最終知道神經學上的官僚制度如何監督注意力之前，評審團必須等待更多的資訊，才會知道，管理注意力的到底是哪些神經組織。好在，我們不需要看到全貌，就能夠了解，做簡報時聽眾的注意力會跑去哪裡。顯然大腦覺得某些輸入資訊很有趣，某些則很無聊。我們來看看一些技巧，避免成為會

說話的安眠藥，好讓大家專心聽我們要說的話。

分分秒秒

有人播放投影片檔案，開口說話時，我們的大腦裡會發生什麼事呢？在開始分心前，我們能夠專心聽講多久？

文獻顯示，結果有長有短。有一些跡象指出，注意力在演講開始的三十秒後，就會開始消散，所以才會有人想出「前半分鐘不做點事的話，觀眾就會分心」這樣公眾演說的心法。這個說法的直接證據很薄弱，但有些研究間接顯示，為何有人遵照這個指示，致力於在三十秒內抓住聽眾的注意力。

這些發現得到深刻但又有些惱人的第一印象研究支持。文獻顯示，我們見到一個人後，很快就會做出難以改變的評斷。一百毫秒（十分之一秒）內，我們就已經評估自己對這個人的喜好程度、信任程度、能力等。

這樣子的速度是否可以套用在講者身上呢？雖說直接證據很稀少，但一百毫秒就能夠做出決斷的大腦偵測器，應該不太會保持沉默，所以可以推測，簡報開始後的前幾分鐘非常重要。如果聽眾是陌生人的話，就更加重要了。如果你要演講，大概說出的第一個字，就要讓人印象深刻。

不過，還有其他時間點也很重要。研究顯示，就算講者很無趣，卻還是打起精神聽演講的人，注意力會高低起伏；到了十分鐘時，就有事情會發生，演講的「十分鐘法則」開始發揮效果。心理學家麥克奇（Wilbert McKeachie）發現，**在演講開始的十分鐘後，聽眾的注意力就會跌落谷底；要是 9 分 59 秒**

時，還沒有執行拯救任務的話，聽眾就會分心。

這個十分鐘法則直到最近才獲得證實。伊爾（Robert Ewer）在《自然》（Nature）期刊發表一篇研究，發現聽眾只會專心聆聽十分鐘（伊爾量出來的數字是 11 分 42 秒）。要是講者當時的行為或演講，沒再次引起觀眾的興趣，觀眾的注意力就會散失，這個結果跟麥克奇的發現一致。如果觀眾到了 13 分 12 秒時，還是覺得講者很無趣，講者大概就該下台了。伊爾甚至計算出轉捩點後注意力下降的速率：

講者每低聲碎念 70 秒，他們演講「無趣」的機率就會翻倍。

沒錯，翻倍。

情緒

資料指出，你必須採取行動，在十分鐘前後停止聽眾的注意力散失，否則就可能會喪失聽眾。但是，哪些東西有用呢？研究人員發現一些跡象，這時就需要解決一個大問題。

這個大問題跟一次塞進大腦的資訊量有關，地點則沒有關係，在會議室或者只是躺在床上都一樣。研究顯示，大腦接收的資訊量太多。先舉視覺資訊這個單一來源的輸入資訊為例。神經學家賴希勒（Marcus Raichle）提出解釋，你張開眼的剎那，每秒就有相當於一百億位元的視覺資訊，衝擊視網膜。但是，視網膜就跟急診室一樣非常繁忙，一次只能處理約六百萬位元

的資訊。再往腦部走，來到視覺感知產生的地點，處理的資訊量就會縮減到一萬位元。

這顯然是個瓶頸，況且我們才討論一種感官而已。大腦必須處理至少五種感官的輸入資訊，還必須處理內部資訊，像是由內耳提供的位置姿勢資訊、胃部提供的飢餓資訊、身體各部位提供的資訊。要是大腦不使用過濾系統，排定輸入資訊的處理順序，大腦網路就會一直被大規模分散式阻斷服務影響，到時什麼都感受不到了。

好在大腦能夠抵禦過載，能夠排定優先順序，理清雜亂的資訊流。我們認為，這就是情緒的功能。就算大家認為情緒亂糟糟，但情緒其實能夠排定優先順序，好讓我們專心注意某些輸入資訊，同時忽略其他資訊。一個刺激產生的情緒愈多，我們就愈有可能會注意、記住這個刺激。研究人員為這個抓取注意力的強力輸入資訊取了一個名稱，稱為能夠「產生情緒的刺激」（emotionally competent stimuli, ECS）。

到底哪些種類的刺激，能夠引發最強烈的注意反應呢？可以分成兩大類，兩者都可以追溯到演化需求。舉例來說，我們會非常注意威脅，原因是演化促使我們在乎是否能活過當下。我們也很注意性，因為演化讓我們在乎未來是否能夠存活，確實的把自己的基因留到下一代，就是演化的重點。情緒會把亂糟糟的輸入資訊，根據生物優先順序來排列。

大家應該已經猜到了，所以報告要能夠產生情緒的刺激，這決定了演講開始後的第 9 分 59 秒，應該做什麼事情。

魚餌不只能釣魚

我把能夠產生情緒的刺激，稱為「魚餌」，但其實就是單純的策略，用來重新抓住聽眾的注意力。第十分鐘前後，就必須吸引觀眾，繼續聽下個十分鐘的演講，這時就要拋出魚餌。十分鐘過後，就要再丟出另一個魚餌，這樣子的循環會貫穿整場演講。

以下是一個魚餌的範例，我講解幼兒社交發展時會使用。這個故事取自林克萊特（Art Linkletter）在 1960 年代下午家庭節目《合家歡》（House Party）中〈童言無忌〉（Kids Say The Darndest Things）呈現的片段。林克萊特常常訪問小孩一些開放式問題，得到的答案有時候讓人有如醍醐灌頂。要知道，當時那個節目是實況轉播，而且甚至錄影帶尚未問世。

某次轉播期間，林克萊特採訪一名叫做湯米的男孩，問他怎樣會感到幸福。湯米回答：「有自己的床，這樣我就會覺得很幸福。」

林克萊特聽到之後有點擔心，問：「你不睡在床上嗎？」

湯米回答：「我通常都跟爸爸和媽媽睡，但是爸爸走了以後，媽媽就跟鮑伯叔叔睡，我只能睡在沙發上。但他也不是我真正的叔叔啦。」

到這裡，我聽到導演在中控室裡大喊：「進廣告！」

我從這個例子知道，最好的魚餌具備四個特點：

一、情緒為上

這點很關鍵。魚餌一定要能夠激起情緒，能夠啟動聽眾大

腦維持注意力的機制。訴諸於威脅和生存很有用，所以我們才在本章節一開始，講了受傷美式足球員和小男孩之間的神奇故事。魚餌也跟性有關，但是重點應該放在繁衍的結果——大家可以想到寶寶和小狗，不是性行為（這可能無法激起你想要的回應）。幽默也能奏效；就像是性一樣，笑聲能夠刺激腦部分泌多巴胺，也就是大腦用來獎勵自己的開心激素。

二、相關性

魚餌應該要跟會議資料有關。大家可以講個耳熟能詳的笑話，抓住聽眾的注意力。但是，簡報不一定適合搭配笑話，講者也不一定很會搞笑。魚餌一定要能達到以下其中一點：**摘要重點、解釋現在的重點、替之後的內容鋪陳**。有經驗的聽眾會了解其中差異，知道講者是真的要傳達重要資訊，或只是在娛樂聽眾。而且魚餌也要能夠符合簡報的情緒風格。冷笑話也會讓人印象深刻，但理由比較罄竹難書。

三、言簡意賅

魚餌要短小精悍。有許多魚餌太強效，演講內容可能會相形失色，導致聽眾只記得能夠產生情緒的刺激，而不是之前 9 分 59 秒的內容。要解決這個喧賓奪主的問題，只要限制投放魚餌的時間就可以了。我在過去四十年教學經驗中發現，二分鐘後灑魚餌恰到好處。

四、儘量講故事

可以的話，把魚餌化為敘事。故事能夠讓人記憶猶新，是

維持注意力很好的工具。

　　林克萊特的故事展現出有效魚餌的四個特質。性和幽默的部分顯然滿足情感需求。由於重點是孩童社交意識的發展（我通常會用這個開場），所以這個例子很切題。這個笑話也很簡潔有力。我通常兩分鐘內會把事件講完，而且這是一個故事。

　　故事在人類演化的歷程中，影響非常大，所以接下來幾節探討的都是故事。

敘事的元素

　　我們先從敘事（或是故事，我這邊會交替使用）的定義講起，然後再跟劇情比較。不管用哪一個詞，這個任務都比想像中的艱難。幸好我們可以請一些專業人士協助，這些人的維生方式就是寫故事，他們是小說家。第一位是知名的小說家佛斯特（E. M. Forster）。他一直想講故事，甚至還寫了一本書，書中他比較了兩個句子，眾所皆知：

　　一、國王死了，然後王后死了。

　　二、國王死了，王后憂傷而亡。

　　這兩個句子引發的情緒層次完全不同，意義也不同。佛斯特表示，第一句是個故事，第二句則是劇情。差別在哪裡呢？第一句話只描述了事實，可能就跟報社記者寫的一樣，這件事情發生了，然後另一件事情也發生了。第二句話描述了情感吸引力，把兩個人緊密連結在一起，而且只多用了一個詞，就揭示出一段情感關係。這樣鞭辟入裡的看法說明兩者的差別。

　　作家伯羅薇（Janet Burroway）表示：「故事是一系列按照

時間順序記錄的事件；情節是一系列刻意安排的事件，展現出戲劇、主題和情感意義。」

學者花了幾十年，想知道故事如何才能夠變成情節。他們得到結論，認為情節是具有戲劇結構的故事。下一個問題就是：這個結構裡有什麼元素？

我們再次滿頭問號。文學理論家認為，所有情節中都包含基本的結構元素，但是沒人知道這些元素到底有哪些，也不知道元素的數量。大家可以找到一些論文，聲稱元素有七個，或是 31 個，又或者有 21 個。劇作家弗賴塔格（Gustav Freytag）設計出一個戲劇架構，當中分成五幕場景，會隨時間展開，其實就是張力和釋放的模型。但不知道為什麼，這個模型被稱為弗賴塔格金字塔（編按：Freytag's pyramid；這個金字塔形的結構分成五個部分，包括引子、衝突、高潮、反衝突和結局）。

現代的行為學家也還沒想出敘事的公式。有些人把敘事定義成「有意圖者」之間的互動，讓人想起心智理論；有些人則把敘事看成具有因果關係的事件，上面載有時間點，就像是前述王后離世的事件。有些神經學家認為，敘事處理需要一種認知小工具，叫做「情節記憶」（episodic memory）。這個小工具就像是電影剪接師一樣，將特定的體驗分成較容易儲存的片段。

這樣做可能會忽略許多細節，但這些細節對於傳遞概念來說，可能十分重要。但不管怎樣，敘事好像不會轉瞬即逝。我們甚至認為自己知道大腦處理敘事的部位，端看敘事的定義而異。

說到要定義敘事，我不得不舉手投降，對另一位偉大的說

書人心悅誠服，他就是格拉斯（Ira Glass）。他是知名的廣播人，長期主持屢獲殊榮的節目《美國人的生活》（*This American Life*）。他說，敘事就像是「乘坐有目的地的火車」，抵達終點時，你會「找到某些東西」。

科學上目前無法提出更精確的敘事定義，也無法搞清楚內部運作方式，了解機制。所以，先將就一下使用這個小巧可愛的想法，像我這樣挑剔的科學家也沒得挑。

敘事和注意力

大腦偵測到敘事時，會發生什麼事？研究顯示，大腦會像是彈珠台一樣，井然有序的亮起。

許多年來，研究人員一直想要知道，大腦處理敘事時，哪些地方會活化。有一項發現已經證明，大腦的注意力系統會被活化，大腦認為敘事開始時，注意力系統就會蓄勢待發（控制組受試者的任務是心算，結果注意力系統一點也不會活化）。這或許可以解釋，為何敘事能夠在簡報時吸引注意力，但數字卻無法。

但是除了注意力網路以外，還有其他地方會受到敘事刺激，語言區域的電氣活動量就會大幅增加。運動區域也是，模仿敘事內容中行動的區域，活化程度特別高。負責解讀觸覺、視覺、味覺的區域也會活化（舉例來說，看到「肉桂」這個詞，就能夠刺激大腦中處理味覺訊號的部位）。大腦吸收資訊後，就會馬上模仿故事裡面的元素。

科學家把這個模仿的行為，稱做「敘事移轉」（narrative

transportation）。讀到某個地點時，大腦就會依照書本說的地點，購買去程頭等艙的車票，以為自己真的搭著火車前往該地，但其實我們搭乘的火車只是書裡的文字。這大概就是為什麼我們讀到一個地點時，常常會想像自己到了那邊。敘事移轉是很準確的術語。

大腦偵測到敘事時，另外一個流程也會受到刺激，這個流程與教育有關。研究人員觀察到大型神經網路亮起時，專門研究記憶的科學家也會注意到，原因與他們之前得知的資訊處理原則有關。學習時，刺激的神經基質愈多，學到的東西就愈扎實。舉例來說，單單在課堂簡報上添加音效，課堂數目降低60％，學生就可以學會課程內容。如果包含其他感官元素，像是嗅覺、味覺、觸覺等，就更加分了。複合感官經驗的效果這麼好，跟以下這個存取點的論點有關：**學習當下刺激的區域愈多，就會創造愈多存取點，之後提取記憶就會更加容易**。這點揭示出簡單易懂的道理。如果在大腦學習時，敘事可以刺激許多區域，敘事是否也能夠加強之後的記憶呢？答案是「沒錯」，但原因卻不是三言兩語可以說完的。

敘事能夠加強記憶

要完整解釋這點，我想先講一個年輕時的事。當時我讀《魔戒》三部曲的小說，讀完之後，我哭了。裡頭的畫面、傳說、才學、世界都跟我之前看過的不同。我記得當時向神祈禱，希望我死後不要上天堂，而是前往中土。

我當時幻想的影像記憶猶新，還是很寶貴。我很珍惜這些

記憶，所以發誓不要看電影。我也信守承諾，我的家人因此懊惱不已，但我就是無法忍受導演彼得・傑克森（Peter Jackson）的影像侵入我腦海的世界。這些記憶很寶貴，不能被掩蓋。

加強回憶正是敘事對人產生的效果。故事不只能抓住我們的注意力，通常也會滴下強力膠，穩穩的黏著資訊。這個黏著效果，之前從史丹佛到紐約的研究機構都測量過。

有一項在加州帕羅奧圖做的實驗，由知名的希思兄弟（Chip and Dan Heath）在商學院課堂中執行。學生在實驗中進行簡報，他們的任務是依立場說服同學，非暴力犯罪是不是一個問題，而且需要在一分鐘內完成。接著，他們進行記憶測試。希思兄弟發現，大家的簡報中滿滿都是統計數據，平均每個演講中有2.5 個；只有 10％的演講使用故事來說服觀眾。接著，他們評估觀眾記不記得，只有 5％的同學記得統計數字，但 63％的人記得裡面的敘事內容。

布魯納（Jerome Bruner）是發展心理學的巨擘，他提供解釋。他是認知心理學家，研究興趣廣泛，涵蓋嬰兒大腦發育到教育議題，後期的研究則多著墨於敘事對於認知的影響。他的研究受到廣泛引用，記憶力和說故事的研究也大獲好評。獲獎記者文斯（Gaia Vince）曾引用布魯納的話：

研究顯示，透過故事傳遞的資訊，更容易被記得，好記程度高達 22 倍。因為敘事會活化大腦若干區域。

解譯器

上面那段說的「若干區域」,說的是哪些區域?許多神經學家在努力研究處理敘事的神經學機制。記憶力在其中深度參與的部分,提供了一絲線索。要了解這些線索,就必須討論大腦製作不同種類記憶的方式。

要注意,我說的是「不同種類的記憶」,而不是單單籠統的說「記憶」而已。這是因為有若干種記憶系統存在大腦中,多數以半獨立的方式運作。很驚訝嗎?回想華盛頓執政時期,與記得觸碰炙熱的爐子會燙傷,兩者負責處理記憶的區域就不同。兩者也跟記得如何騎腳踏車的區域不同。

處理敘事的是哪個系統呢?研究人員相信,至少需要兩種記憶系統,**一個是語義記憶(semantic memo),是記住事實和概念的記憶系統**。大家知道,昨天參加的是摯友的婚禮,吃到巧克力蛋糕,這就是語義記憶的完美範例。**另外一個類型之前提過,就是情節記憶。**這種記憶涉及特定特質於空間與時間內互動之事件。能夠記起在朋友婚禮中第一個走上紅毯的人、牧師開始講道、開席時間……這些都是情節記憶。

這兩個系統提供線索,讓我們了解大腦處理敘事的方式,至少,能夠從記憶系統的角度理解機制。只是對於找到處理敘事的區域,並沒什麼幫助。要找到處理的區域,就需要學者葛詹尼加(Michael Gazzaniga)的洞見了。大腦單側認知功能又稱做「大腦功能側化」(functional lateralization)。舉例來說,大家能夠產生和了解演講的地方,位於大腦左側;理解演講的情感內容則在右側。

葛詹尼加大概是研究這個現象最知名的學者，他相信大腦中有處理敘事的「工廠」，也就是故事生產機，位置同樣也在側邊（主要在左側），他把這個工廠稱做「解譯器」。這個工廠有匯集的功能，結合小片段資訊與大片段時間序列，製造出故事。

奇怪的是，這包含構成我們身分的敘事，也就是個人故事。雖說這聽起來有點像是意識（管他是什麼），有許多處理敘事的功能，其實源自於形塑我們的元素。科幻小說家姜峯楠用美麗的方式呈現這個概念：

人都是由故事組成的。記憶並不是生活的分分秒秒、不偏不倚的累積，而是所選片刻的故事組合。

對了，還沒有人教我們建立這些敘事，我們就好像能夠製造、運用故事，無師自通。或許是天性，自然而然的就做到了。

演化的考量

大腦自動生成、運用故事的能力，對於演化理論學者來說，就像是貓薄荷一樣。從這點好像可以看出，認知技巧會受到選擇性和非選擇性壓力影響。但這邊有個謎題：能夠想像出場景、影像、《魔戒》三部曲的角色，對於以前原始野蠻的大腦有什麼幫助？

為什麼能夠讓我們活下來？

學者有其解釋，**其中一個就是大家熟悉的效率主張。我們**

已經知道，大腦熱愛節能。如果敘事資訊好記的程度，是其他資訊的 22 倍，那麼大腦擷取時付出的費用，就只需要 1 ／22。就像是錢幣嘩啦啦的流入生物能源收銀機中。

第二個主張跟世代資訊轉移有關，跟遺傳無關。理論學家相信，古老的故事大概跟現代故事一樣，包含各部族的制度知識解說等。這樣的知識可能包含社會習慣，像是擇偶儀式，又或者食物採集、狩獵協調、抵禦敵人的解說。這些知識能夠透過營火旁的故事，傳遞給下一代。這樣的方法很好用，相較於另外一個方法必須等上幾萬年，還得等待基因發揮相似卻又很不準確的功能。

大腦把敘事當作有用的機制，或許最合理的原因，第一章就討論過了。回想一下心智理論，運用這個認知小工具，我們能夠得知其他人的意圖和動機。還記得嗎？心智理論有一個非常有趣的特性，就是能夠感知五感難以理解的資訊。畢竟，意圖沒有實體形狀，需要想像，才能感知。我們認識故事裡的主角也一樣——我們會想像他們的視角，這就是情感版的敘事移轉。作者技巧高超的話，觀點取替就能夠讓我們感受到主角經歷的感受，了解他們現在的行為，想像未來的情境，甚至能預測自己遇到相同情境時的反應。

我有一次聽國家廣播電台（NPR）訪問作家施華五（Robert Swartwood），學到敘事與想像間的關係。他向大家下戰帖，能不能在 25 個字以內寫完一部完整的小說，之後他會把最喜歡的幾篇收錄於《極短篇小說集》（*Hint Fiction*）。在書中〈生與死〉這部分有一個條目如下：

〈金黃年代〉（皮爾曼著）

她：黃斑部。他：帕金森氏症。她聽從他的指揮，推著他走下坡道，走過草地，穿過大門，朝著河邊前進。

這些片段能夠讀得懂，是因為大腦能夠填補文字間的空白。心智理論與我們熱愛的敘事結合在一起，效果極佳。

研究人員相信，想像力不只能夠讓小說迷開心，還有其他功用。從演化的角度看來，我們可以運用想像力，練習與他人社交互動，之後再跟真的人群社交。我們可以練習人際關係和合作技巧，不會因為犯錯而造成實際的後果。要具備這些技巧，才能存活。套句研究人員歐特雷（Keith Oatley）說的話，故事大概可以當成關係飛行模擬器，有助於加強關鍵技巧，學習與他人相處。

如果是這樣，簡報時不妨在十分鐘非敘事內容後，好好運用敘事技巧，甚至每次都該這麼做。畢竟，要抵抗幾百萬年來大腦偏好的習慣，非常困難。

雙碼理論

另外一個幾百萬年的習慣，跟簡報時需要的感官有關：眼球。有些探討注意力的研究，一直以來都在觀察別人到底在看些什麼，然後問對方為什麼要往那邊看，甚至連嬰兒的研究都做了。大家大概還記得，領導力那章提到研究嬰兒的注意力，有一個很有用的方法，就是觀察他們盯著的地方，然後測量他們注視的時間。他們注視的時間愈久，應該就愈感興趣。

注視時間與興趣的相關性，在成人身上也可以看到。米爾格蘭在 1960 年代末期發表一篇文章，描述社交互動和注視（到現在也只有這篇論文，我會邊看邊捧腹大笑）。米爾格蘭招募演員，請他們站在擁擠的街角，向上看著建築物的窗戶。他想要知道，路人是不是會因此停下手邊的事情，往同一扇窗戶看。他的發現很驚人，大家真的都會放下手邊的事情往上看。站在街角的演員愈多，往上看的路人就愈多。兩位演員站在街角，會有 50％的路人往上看；如果有十五位演員，比例就會增加到 80％（這個知名實驗再做幾遍，結果也都相似。儘管模仿行為比較沒那麼明顯，而且演員人數就算增加，效果也沒什麼明顯改變）。

　　重點是，**我們不論幾歲，都可以觀察他人眼睛看的地方和方式，得知他人在注意什麼。**

　　我們先前已經討論過，如何運用內容和結構抓住、維持注意力，但說的都是語言資訊。當時沒談到視覺，這對多數商務人士來說，就是投影片。大腦視覺處理中心如何處理投影片呢？

　　視覺資訊呈現的方式為 1280×720 閃亮亮的區塊。本書範圍不包括解說大腦處理視覺資訊的機制，幸好我們也不需了解這個機制，因為有一個很有用的想法叫做「雙碼理論」（dual-coding theory），幾乎完美的把投影片也考量進去了。這個理論由已故心理學家帕威歐（Allan Paivio）提出，他剛好也是健美人士。

　　帕威歐提出的研究概念，指出兩條寬廣但各不相同的資訊學習路徑，**一條儲存語言輸入資訊，稱為「語文元路徑」**（logogen pathway）；另一條則儲存視覺輸入資訊，稱為「影

像元路徑」（imagen pathway）。大腦聆聽聽覺輸入資訊的同時，看著投影片，就得馬上判斷接收的資訊種類，然後送入適當的處理路徑中。舉例來說，要是有人聽到「試算表」這個詞，這個詞就會送到語文元路徑去處理；但要是這個人在投影片上看到試算表的影像，這個資訊就會送到影像元路徑去。

圖優效應

帕威歐認為，雖說兩條路徑不同，但就像是用簡訊溝通的青少年一樣可以互動，使用的細胞機制（當然，使用的是神經而不是智慧型手機），稱做「互聯通訊參照模型」（referential interconnections）。這個模型指的是，資訊儲存在一條路徑中，觸發另一條路徑中相似的資訊。像是盯著猛禽的圖片看，我們可能就會想起老鷹或是籃球隊，影像元路徑會刺激語文元的內部資訊。

有證據指出，影像元資訊相較於語文元資訊，比較擅於建立參照連結。這對於使用投影片的人來說，有直接的影響。為什麼呢？這有助於解釋所謂的「圖優效應」（pictorial superiority effect）。

圖優效應的中心思想，是圖像比起文字容易被記得，不管怎樣，就是「比較容易被記住」。物件辨識測驗、關聯配對學習測驗、序列回憶／重建測驗、自由回想測驗等種種晦澀難懂的心理測量方法，都證明圖優效應的效果。源自於影像的記憶也比較穩定。有一個實驗顯示，在受試者首次看到特定圖優應的影像刺激後，過了幾十年都還會記得。影像的處理速度也

比較快，就算只看到影像 13 毫秒，大腦也能夠處理這個影響。

圖優效應的強大之處，還可以從一個例子中看到。1964
年美國總統大選，候選人有民主黨的詹森（Lyndon Baines
Johnson）與共和黨的高華德（Barry Goldwater）。高華德是「鷹
派」，支持軍事行動，確保美國的世界支配地位。詹森陣營決
定結合這點與圖像的力量，製作出非常知名的政治廣告。

有一名小女孩出現在蟲鳴鳥叫的花園中，把雛菊花瓣一片
一片的拔掉，一片一片的數著，數到「九」的時候，她突然抬
起頭來。接著，一名男性的嗓音出現，說了「十」，之後開始
倒數，數到「零」的時候，畫面馬上崩解成可怕的核爆影像。
詹森的旁白說：「這就是風險！打造一個世界，好讓上帝的孩
子生活，否則就會讓孩子走向黑暗。我們必須相愛，不然注定
死亡。」標題顯示：「十一月三日請投詹森總統一票，待在家
裡的風險太高了。」

這個宣傳廣告呈現強而有力又有意義的影像後，再開始解
說。先呈現圖案，這就是經典的圖優效應手法。如何把圖優效
應的發現應用到簡報上呢？也就是盡量在投影片中使用圖片。
再說一遍，**圖片相較於文字，比較能夠建立記憶，也比較能夠
維持記憶，傳遞資訊較有效率，相當於一千個字詞的解釋。**

但不是每張圖片都有這樣的效果。我們知道，影像要具有
某些特質，才比較能夠吸引注意力，比較容易記得。以下列出
兩個特質：

一、**讓影像（或物體）移動**。因為我們會容易注意移動中
　　的物體。要再更加分的話，可以讓物體突然改變移動
　　方向。

二、改變圖片的特性。我們很注意顏色、亮度（正式名稱是輝度，指的是物體反射出來的亮度）、突然改變的物體。如果物體突然出現在視野中，我們也會特別注意。

為什麼要費這麼多心力注意改變特質的物體？這也可以用演化的方式解說。想想看，移動——在非洲塞倫蓋蒂生活時，有許多重要的經驗都與移動有關。我們會注意草叢裡是否出現騷動的聲音，看看是不是有掠食者要突襲。有沒有水花突然出現？那可能是鮮美的魚。我們大腦很能夠偵測跟這兩個重點相關的改變，這兩個重點就是生存與食物。

這又更能夠證明，人類把演化的習性直接帶入了 21 世紀，直接放到投影片中央。

咕溜亂轉的眼睛

美國軍隊會把投影片做得非常複雜，裡面有上百條線，連結到數十個專有名詞，版面看起來就像是大樹的根系。他們做出來的投影片幾乎文字都太多，看起來太雜亂，什麼都要講。舉一個傳奇的投影片為例——大家準備來想像一下，所謂太多字長什麼樣子吧！——上面的標題是「整合式軍需採購、技術、後勤生命週期管理系統」，有數十個文字方塊，寫著極小的草寫英文，字體小到看不到，資訊多到看不懂。

弄得這麼複雜，簡直荒謬到好笑。另外，有一張也相當複雜的投影片，裡面說的是阿富汗境內戰爭動態，麥克克里斯托

將軍（Stanley McChrystal）看到時，開玩笑說：「我們看懂這張投影片前，早就打贏了。」

當時是 2009 年。十二年後，美軍撤離阿富汗。

要是你認為，太多文字呈現太多資訊，對於大腦負荷太重，那麼看法就跟同儕審查的論文一樣。多數研究圖優效應的實驗，都會比較回想圖像資訊與文字資訊的結果，結果顯示語言資訊的結果一定較差。

為什麼文字那麼難理解？研究顯示，至少有兩大原因，其中第一個破解很多人的迷思。

有很多人以為，閱讀跟打字的方式一樣，是一次一個字母、一次一個詞，一個一個的處理。科學家以前也這麼想，**這樣線性的處理方式，叫做「閱讀序列辨認模型」**（serial recognition model of reading）。

然而，這個想法存在的時間不久。可靠的眼動追蹤技術問世後，研究人員發現眼睛就像士兵一樣，但像的是喝醉的士兵。一開始會讀句子的第一個字，然後突然跑到中間，暫停一下，讀那邊的字，之後可能會回到前面暫停一下，再看一下開頭的幾個字；然後，好像隨著心意，又跳到句子尾端。知道我為什麼說是「喝醉的」士兵了吧？**我們把往前跳的現象，叫做「跳視」（saccades）；往回跳的稱為「逆向跳視」，暫停稱為「凝視點」。**大家能夠閱讀，是因為眼睛朝作者引導的方向移動。

我一直很訝異，讀自己寫的句子時，原來眼睛就是這樣活動。奇怪的是，只有一部分的動作是關鍵。文字辨別主要在凝視的時候發生，當時眼神固定，也就是說，感知文字只在跳躍停止時會發生。如此一來，結論很讓人擔心，因為眼神移動時，

以功能來說，你就變成瞎子。

文字混亂

你大概開始認為，因為這些眼部活動，閱讀變得很累人。沒錯，但是情況可能還更糟糕，多數是因為有一個小矛盾還沒完全被解決，這個爭論應該要能夠說服你，投影片裡面用的文字愈少愈好。這要說到，大腦雖然適應力強，但還是有極限。

我們年復一年、日復一日會看見許多常見的字。想一想，光是今天，就看到多少個「這」了。大家以為，大腦的適應力極強，只要遇到熟悉的字詞，就不會仔細看清楚裡面的每個筆畫，會覺得我們之前看過這個字了，然後就繼續往下看；遇到不熟悉的字時，才會停下來仔細看。

但情況完全不是這樣，大腦還是得看清楚每個字、每一個字母，不論是否熟悉，都會仔細看。研究人員摩爾（Deborah Moore）指出：

> 大家可能以為，讀書、看海報、看電腦螢幕、看玉米片紙盒，好幾年下來人類的視覺系統會學會辨認熟悉的字，而可以跳過辨認字母……完全不是這樣的。要讀懂一個字，就必須辨認裡面的組成元素，我們的閱讀效率則因為必須認真、一一辨識單純的元素，而受到限制。

但這也不是說，熟不熟悉根本不重要──這是小小的矛盾，你能夠看懂下一個句子，其實就算亂排也沒關係──顛四倒三、

任意列排的句子，你是還看懂得（編按：這裡的原文是 "The oredr of inidvidual leettrs in a wrod deosn't raelly mttaer." 即使拼錯許多單字，仍能讀懂句子的意思）。

上面這一句能夠讀懂，一般認為能夠證明大腦辨認的是整個字詞，不是單一字母。這是否與摩爾的發現相悖呢？

大概是喔。但是，大腦忙著辨認個別字母的同時，也可能跟之前遇過的相似字詞比較。大腦能夠輕鬆讀懂亂糟糟的句子，但前提是首尾字母要正確（如果有上下文的話，會更容易讀懂）。這大概是說，大腦會同時檢測字母、熟悉程度，然後分析上下文。

不管最後這個小矛盾怎麼解決，結論都簡潔明瞭：**閱讀字串很費工。閱讀文字時，有許多流程必須同時進行**。我們要理解文句，必須運用像是醉漢的眼睛，前後掃視。

要怎麼處理字詞

有許多著作都在討論，如何要製作有效的投影片。這裡我也提供一些建議，雖說都源自於經驗而不是研究，但都很好用。以下列出五個重點，不妨記下來。這五個重點有一些來自「聽說」，即便如此，也不是空穴來風。確實，多數建議都是要降低閱讀文字耗費的心力，大概是因為不想多浪費力氣（編按：以下建議適用於英文投影片）：

建議一
字體大小維持在 24 點。

建議二

限制投影片上的字數。有些專家說一頁最多三十個字，分散成六到八行。

建議三

注意每行長度。一個字串應該要大約有 78 個字元，這是最適合的長度，能夠把眼神維持在「掃描路徑」這個認知軌道上，好維持注意力。

建議四

使用大寫和小寫字母，也就是說，打字時，不要只用大寫或是小寫。小寫文字讀起來比較快，大小寫併用的文字，讀起來的速度比全大寫的字，快上 5 ～ 10%。

建議五

使用無襯線字體，而不用襯線字體（編按：襯線字體在筆劃末端會有字腳裝飾，如中文印刷字的細明體；無襯線字體的筆畫則沒有裝飾，如黑體）。大家以前可能上過設計課，襯線體就像是裝飾後的字體，字母綴以短線條或曲線。襯線體絕對看起來比較複雜，Times New Roman 就是很好的襯線體範例。無襯線字體則沒有裝飾線，Helvetica 就是很好的無襯線字體範例。

眼動追蹤實驗顯示，閱讀無襯線字體的人，跟讀襯線字體的人相比，閱讀的速度較快，準確度也較高。閱讀無襯線字體的人，逆向跳視的次數也較少，眼睛比較少往後退。有趣的是，

這個建議只適用於短字句，但是不適用於一大段落的文字。大段文字以襯線字體呈現，反而比無襯線字體好處理，至少以紙本來說是如此。既然大段文字不應該出現在投影片上，投影片也不是紙本，這個建議就只是附上備查，不適用於簡報。

這個研究愈來愈成熟，大概也會出現愈來愈多建議。但現在可以來總結下週一的代辦事項。

下週一該做如何做簡報

假設你要做一份六十分鐘的簡報，根據神經學和行為科學，你該怎麼做呢？

一、**研究指出，你應該摒棄六十分鐘這個想法，以六個十分鐘來規劃**。內容一開始就要有力好記，要考量到聽眾的第一印象形成速度很快，而且很穩固。最好一開始就要介紹自己和主題。

二、**研究也指出，報告到十分鐘後，就要拋出魚餌**。魚餌要能夠激起情感，要切題，要言簡意賅。要是能夠把魚餌變成敘事的話，那就更好了。

三、**研究還指出，要注意簡報中的視覺元素，主要說的就是投影片**。每張投影片的圖片數量，應該遠多於文字。如果能插入動畫效果，就能夠加分。

但等一下——我忽略了某些面向，甚至可能改變之後的簡報方式。這個章節提到的所有的實驗，幾乎都是在疫情前做的，當時我們並不仰賴線上會議室在做簡報。

許多人因為疫情，不得不做線上簡報。對於某些人來說，這是暫時的改變。但要是發現，之後都得做線上簡報，根據研究，以上建議需要更改嗎？

答案是，「沒人知道」。COVID-19 對於遠端互動帶來廣大的影響，遠端學習的研究仍然非常稀少，相較於實體簡報來說，更是少之又少。我們有的就只是個人觀察。這章的最後，我只能用一些自己的觀察收尾。

2020 年春天開始，我在線上講過非常多堂課和簡報，有些改變也隨之而來。我發現，**線上簡報時，每 5 ～ 7 分鐘丟出一次魚餌，效果比較好**。我使用的簡報也更多張，或至少每張簡報使用更多動畫效果，其中一定包括會動的物體，每十秒鐘上下，看到的東西就會有變化。

但我的報告方式沒有完全改動，因為有些事情亙古不變。大腦還是喜歡圖片，還是想要聽故事，還是覺得動作代表的是食物或恐懼。畢竟百萬年的演化，不會因為一場疫情就改變。

本章一開始說到氣泡飲料的廣告，毫不意外，廣告能抓住你的注意力。這麼多年過後，就算要聽你不喜歡的低俗 70 年代音樂，還是能夠感受當中的情緒。

- **在開講的十分鐘內要抓住聽眾的注意力**。每十分鐘就要重新拋出能產生情緒刺激、簡短切題、以敘事的方式呈現的「魚餌」。

- 比起文字，**圖片或短片較容易抓住注意力**。

- 大小寫併用的文字，讀起來的速度比全部大寫的字，快上5～10%。

- 維持注意力效果最好的元素，包含與威脅、生存、性（最好是性的結果，也就是小孩）、幽默相關的情緒。

- 投影片使用無襯線字體（黑體），襯線字體（明體）讀得比較慢。

8 大腦討厭事情
失去控制或辦不到

大腦這樣想：

要達成某件事，卻達不到，
大腦的生存迴路就會集結前線，處理各類的威脅。

美國公共電視在 1969 年的春季，咽下了最後一口氣。美國參議員帕斯托雷（John Pastore）時任通訊小組委員會主席，他不相信公共電視的價值。他掌握公共廣播的未來，掐著預算，打算砍掉兩千萬美元的補助款。

當時的通訊傳播委員會官員，可想而知，感到驚恐，幸好他們握有祕密武器，就是謙遜的羅傑斯（Fred Rogers）。他是一名傳奇人物，主持兒童電視節目《羅傑斯先生的街坊四鄰》（*Mister Rogers' Neighborhood*）。羅傑斯獲邀到小組委員會聽證，希望他說的話能夠拯救公共電視。接下來的發展，就是衝突管理的大師班。

羅傑斯一開場，描述自己童年時的經歷，及其與自己主持的節目的關係。他說：「我們面對的是童年的內心戲。」他解釋，自己花了很多時間，教導孩童以有建設性的方式，管理激動的情緒，像是處理與手足的衝突，以及家庭事件引發的憤怒。他指出，《羅傑斯先生的街坊四鄰》很寶貴，因為這個節目

闡明，情緒「可以談，可以管理」。接著，他描述宣洩情緒的人，看起來比平常電視上演的成人衝突還要誇張，通常會使出拳腳或武器。

他在房間裡施展魔法，成效顯著。他溫和的態度、堅定的情緒，感染了房內的人。羅傑斯就好像是牧師，參議員議場變成他的教會一樣。他請參議員透過他的證詞，一起感受一下節目效果：讓參議員扮演「第三人」，聆聽節目的一個例子。他唸出自己寫的歌詞，歌名叫做〈怎麼處理心中的憤怒呢？〉（What Do You Do with the Mad that You Feel）──羅傑斯當天就把「執行功能」，教給議場內所有的人，聚焦於衝動控制，但完全沒提到這個詞。

這個策略的效果，超乎官員們的意料。羅傑斯唸完歌詞後，帕斯托雷這塊大冰山融化了。帕斯托雷承認他渾身起雞皮疙瘩，眼角含淚，他說：「我覺得這很棒。你好像剛剛贏了兩千萬美元。」笑聲迴盪在議場內，大家一起鼓掌。

羅傑斯的反應，展現出幾項衝突管理原則，背後都有行為科學的支持，雖然他本人大概不知道。我們之後會討論幾個原則，以及相應的神經機制。但我們探討的，不只是人際爭論的表面，這個章節的後半部，會探討許多人類衝突背後的偏見和成見，也就是全世界員工都曾面臨的情況。這些偏見根深蒂固，要是不處理，會萬世流傳，影響數百萬人民的命運。

當然，處理衝突很困難。我們從簡單的部分開始，先探討一些定義。

定義衝突

衝突要怎麼定義，才能夠通過有效的測試？衝突有許多形式，小說作者眼裡有七種，心理學家眼裡則有四種。衝突可以分為內部（要不要吃這塊披薩呢？）以及外部（要不要開戰？）。親密伴侶間有衝突，完全不認識的人彼此間也有衝突。要切合本書主題，我們就把範圍限縮到職場相關的衝突（美食誘惑、武裝衝突、配偶吵架、酒吧鬧事就等另外一本書再說）。

社會心理學把衝突定義為「各方感知之見解、希望、慾望間的落差」。這個衝突在職場中，會影響人際關係，往往出現於以下場景：① 各方互相依賴，才能完成共同專案；以及 ② 厭惡這個事實。

哈佛法學院訂定三種員工間的敵對情況，每種都含有社會心理學定義的元素：

第一種叫做「任務衝突」。這類衝突會出現，是因為員工對於工作執行方式、誰最能有效執行（任務分派）、需要投入多少人力與資產（資源分配），各有不同看法。這些衝突的解決方式都不複雜，因為問題通常都很具體明確。當然，不複雜不代表簡單。

哈佛法學院把第二種稱為「關係衝突」。關係衝突出現時，是員工因為想法、做事風格、個性習慣，甚至美感不同而互相碰撞。既然員工通常無法選擇工作夥伴，無助感可能會變得更明顯，而且可能還會因為薪資而加劇。

第三種類型叫做「價值衝突」。這種衝突是道德、倫理、信念的衝突，甚至可能涉及員工的生活型態。價值觀對於許多

人來說，是股很強的力量，是個人身分的本質。確實，價值觀往往見於個人的宗教偏好或政治觀點，所以這類的衝突力道可能很大，常常會看到公開的敵意，衝突各方通常很難從中抽離。這種衝突甚至可能會造成有毒的偏見，這點稍後會提到。

衝突背後的大腦

任務、人際關係、價值觀衝突……雖然代表的是不同的經歷，但是神經機制都相同。大腦如果發現關係衝突迫在眉睫，生存迴路就會集結在前線，因應各類的衝突。這些迴路最終會產生情緒，強度大到會影響生產力。彭世創（Cor Boonstra）是飛利浦公司前總裁，他這麼描述情緒在衝突中的角色：

> 公司裡充斥著人的情緒。有時要達成某件事，卻達不到。接著，情緒就會起波動，無法消弭隔閡。很多組織當中出現的衝突，多數是因為情緒失控。

有哪些種類的情緒容易導致「失控」？哪些腦部區域與衝突的情緒體驗有關？彭世創說的是負面情緒，包括惡名昭彰的不滿、不信任、憤怒、恐懼等。這樣的感受是大腦「生存迴路」活化所產生的副產品，我們很容易就可以在實驗室中看到。多數是因為大腦面對危險時，會召集所有的資源。的確，我們的優先要務，就是處理威脅我們生存的事物。**有兩條路徑會同時警戒，一個是快速路徑，另外一個則是慢速路徑。**

快速路徑包含杏仁核這個小小的杏仁狀結構，位於大腦中

間深處，其中一個功能與評估狀況有關。當評估流程執行時，杏仁核會判定是否應該擔心。若該擔心，杏仁核就會命令大腦馬上發出警報，啟動剛剛提到的生存迴路，啟動的速度迅雷不及掩耳，快到不知道自己做出反應，才叫做快速路徑。這就代表威脅反應無法被控制，至少一開始無法控制。

幸好，接下來就不是這樣，這要歸功於同時啟動的慢速路徑。這條路徑的迴路在額頭正後方的皮質結構中，啟動後就像是杏仁核的檢察總長，判定威脅是否需要提高反應程度才能因應。如果皮質的威脅評估與杏仁核相同，就會命令杏仁核謹守崗位，維持身體感受到的警戒。這個評估需要時間，因為皮質的神經連結密密麻麻，所以才叫做慢速路徑。

大腦的天使與惡魔

除了快速和慢速路徑以外，大腦還有其他因應衝突的方式。大家因應威脅時，還會以社會的角度評估對手。大腦的因應方式可能有點尷尬——感覺就像是個電視卡通角色。

這個角色大家可能看過很多次，特別是在《樂一通》（*Looney Tunes*）中。當卡通主角需要做的決定攸關道德，天使就會出現在他一邊的肩膀上，另一邊則出現惡魔。天使試著說服主角做正確的事，惡魔則要主角向邪惡的一方低頭。

大腦迴路面對衝突，就像是產生自己肩上的卡通天使與惡魔，初始的威脅反應啟動後，會持續因應情況。假設大家在跟敵人爭論，惡魔馬上會出現在舞台中央，關掉「前腦島」（anterior insula）的部位——這是一件大事，而且有點奇怪。

腦島一般會接受物理資訊，好讓大家了解自己的相對位置（有點像是內建的全球定位系統），以及目前的感受（有點像是內建的精神科醫師）。把這兩個功能關掉，會影響人體部分功能，但沒人知道為什麼會變成這樣。

惡魔的把戲還沒玩完。腦島活動關閉後，其他兩個區域會活化，這兩個地方就是「伏隔核」（nucleus accumbens）與「腹側紋狀體」（ventral striatum）。伏隔核這個區域參與多巴胺代謝，多巴胺正是參與調控快樂和獎勵的神經傳導物質。腹側紋狀體也會使用多巴胺參與決策。說實在的，你與起衝突的對象受苦，通常並不會讓你感到恐懼，有時侯還甚至讓你露出微笑。

就像我說的，這是肩膀上惡魔的把戲。

順帶一提，如果受苦的人是朋友的話，你就不會幸災樂禍了，這時肩膀上的天使就會走到舞台中央。腦島不會關閉，而是會活化，大家就會知道自己身處的地點與感受。結果發現，衝突對於人類的大腦來說，並非單純的體驗而已。

同理與同情爆棚

許多年來，我一直在替波音公司提供諮詢服務，在他們的領導力中心舉辦客座演講。我非常喜歡討論設計工程、人因工程、認知神經學之間的相互作用。

我在波音常常遇到一個狀況，就是研發工程團隊和主管之間的緊張關係，幾乎毫不間斷。這點在以產品為主的科技公司中很常見。雙方常常開玩笑，其中有個故事讓人特別印象深刻。這個玩笑說，有個人搭著熱氣球，身在空中九公尺的地方，朝

著底下的工程師大喊。

他問：「不好意思，可以請問一下我人在哪裡嗎？」

工程師說：「沒問題，你在熱汽球裡，現在離地九公尺。」

熱氣球裡的人說：「你一定是工程師。」

地上的人說：「沒錯。但你怎麼知道？」

熱氣球裡的人尖酸刻薄的說：「因為你跟我說的東西都正確，但都沒有用。」

工程師暴怒，回嘴說：「先生，那您一定是管理團隊的人。」

熱氣球裡的人說：「沒錯，但你怎麼知道？」

工程師說：「簡單。你不知道自己人在哪裡，也不知道要去哪裡。但你又期待我幫忙。你就卡在這邊，還怪我！」

雖然說這個笑話很好笑，但衝突的結果和影響卻一點也不好笑，而且很快就會愈演愈烈，降低公司的生產力。要如何緩解這樣的衝突呢？顯然有方法可以介入，書店裡的商業書籍區有很多自助書籍可以選擇。其中，是否能夠讓波音的工程師產生共鳴呢？換句話說，書上寫的是否真的有用呢？

行為研究顯示，特定介入方式確實很有效，有時候效果還好到驚人。我們之後會看看某些介入方式，當中包括練習改變視角，以及實際的行為（真的需要紙筆的活動）。步驟來自於兩個基礎行為，兩者都需要以科學的方式定義：同理與關懷。

同理與關懷感覺起來很相似，所以聽到行為科學家區分兩者，大多數人可能會很吃驚。同理涉及的是主觀的體驗，這點之前討論過；關懷則激起協助他人的慾望，大家通常都會採取行動，是實際解決方案的源頭，這點我們之前完全沒有討論過。

以下方法能夠區分兩者。假設出差時，房卡掉了，你去問櫃檯，表明你的處境；假設櫃檯人員表現出同理心，他大概會說：「真的很遺憾，你人在陌生的城市，卻沒辦法進房間休息。」然後，他轉身協助另外一名顧客。同理是很好的情操，但對你來說卻毫無用處，他說的這些話一點幫助都沒有。

要是那名櫃檯人員以關懷的方式回應，他還是具有同理心，但會想要幫助你，通常進而會付諸行動。他可能會說：「沒關係，我再給您一張房卡。」然後，給你一張新的房卡，解決你的困擾。

關懷這個老好人帶有協助的元素，這就是差別。同理會觸發感受，關懷會促進行動。接下來要討論的步驟，都是能夠用來管理衝突，學界稱做慈悲的行為，因為這些作法就是實際動手協助他人。

緩解衝突

我們來看看三種介入方式。有證據顯示，這些步驟都讓人想要付諸實行。每種方法都會採取適當行動，處理情緒。飛利浦前總裁彭世創說，衝突往往會造成負面反應，但也不要氣餒，有時事情會獲得改善，也就是開啟同情反應。這很重要。如果不處理情緒，就沒辦法簽訂和平條約。一位研究人員表示，「情緒是衝突中很重要的元素……情緒會調控或評估衝突的感受、與解決策略之間的關係」。

第一個方法，需要運用想像力；具體來說，是預測他人情緒的能力。**第二種則是偵測他人情緒的情緒**，看看自己的預測

是否正確。**第三種則是控制情緒；控制的不是他人的情緒，而是自身的情緒，但前提是要更加了解情緒。**

我們一一來探討。**首先，從第一組的作法開始，科學家稱之為「以經驗為基礎」的方法。**這種作法需要大家運用想像力，猜測、理解對手內心的情緒。舉例來說，這樣的感受可能源於心境轉換（「想想看，你如果是對方，會有什麼樣的感受」）。你可以依照之前與對手應對的經驗，回想對手的行為，猜想他們心理邏輯。

第二組方法則「以表情為基礎」。這是辨認對手當下實際情緒的能力，而不只是猜想。有一個實驗，包含前測和後測兩部分，其中住院醫師觀看一系列影片，影片主題是同理心，由行為研究人員製作。這些影片內容有：① 教導住院醫師偵測病人細微的表情變化；② 講解同理心的神經生物學；③ 呈現資深醫師與病人的應對方式。資深醫師與病人都穿戴裝置，測量當下的生理反應，並將結果顯示於螢幕的一小角。如此一來住院醫師就可以自己查看，有同理、無同理反應的時候對於病人的影響。

結果很驚人，情緒變動不管細微與否，無論是否表現於語言，住院醫師辨認情緒的能力都大幅上升，也更了解同理心。最重要的是，病人對於住院醫師的行為滿意度，經過照護測驗（CARE test）顯示，也獲得改善（這個評等就跟成績單一樣，病人會評估醫師的同理與關係技巧）。這樣的改善在受訓結束後兩個月，依然看得到。以經驗為基礎和表情為基礎的方法，會要大家暫時忽視自己的內心，第三個、也是最後一個介入方式的要求，則完全相反。

彭尼貝克的世界

第三組解決衝突的方法，會向內心探索，驅使你的外部行為，也就是關懷所促發的行動。大家應該還記得，想要幫助他人的慾望，正是關懷的象徵，會促進外部行為。大家需要的關懷行動是什麼呢？

要回答這個問題，我們就來問問社會心理學家詹姆士・彭尼貝克（James W. Pennebaker）。他熱愛文字，就跟有些人熱愛奶昔一樣。他的家人也才華洋溢，也熱愛文字——妻子是知名專欄作家與書籍作家露絲・彭尼貝克（Ruth Pennebaker）；女兒從事傳播業，目前人在華府。彭尼貝克不只是國際知名的行為科學家，寫了三百多篇同儕審查論文，還寫了像是《代名詞的祕密人生》（*The Secret Life of Pronouns*）等書籍。

我們很幸運的可以看到他對於文字的熱愛。極少數行為科學家能把象牙塔研究，轉換成一般實用療法，彭尼貝克就是其中一位。他遠近馳名的原因大概是「表達性書寫」（expressive writing），這是市面上一套很有效的人際衝突管理方式。當然，他寫了很多相關內容。

彭尼貝克首先發現，把惱人的經歷寫下來後，過了一段時間，就不再因此困擾。但是，要以特定的週期和方式來書寫，才有效果。他的研究成果，原本是要幫助經歷創傷的人。不過最終的研究發現，也能夠幫助經歷其他艱困情緒的人，不只適用於創傷，還能幫助極需解決衝突的人。這就是第三個解決衝突的方式。彭尼貝克所謂的表達性書寫，執行時要寫字，同時要改變觀點。想了解他的方法，就必須探討「自我沉浸」和「自

我抽離」兩種觀點的差異。

　　吵架後最常見的經歷，是不斷回想吵架的當下。回憶中的衝突通常都是幻想，重新構想衝突，或許還會在心裡更動過程，好讓自己的處境好一點（像是想出尖酸苛薄的回嘴方式）。回想時都是第一人稱，透過自己的角度看事情，這個角度學者稱為「自我沉浸」的觀點。研究顯示，這樣子的沉浸方式會加強負面情緒，幾乎什麼事都無法解決。

　　幸虧克洛斯（Ethan Kross）等行為科學家發現，在回憶時，你有另外一個視角可以選擇。假設衝突發生時，腦中的回憶編輯開始照著你的看法，重寫衝突的劇本，你會開除他們嗎？如果把他們用攝影師取代，也就是用中立第三人的角度拍攝衝突，會變成怎麼樣？這個方法一定會把你推出利害關係人的角色，讓你冷眼旁觀。你變成扛著一台攝影機，而不是受傷的人。這樣子的改變就叫做「自我抽離」的觀點。

　　自我抽離這個想法並不奇怪，可以說是獨門祕方。多數婚姻治療師給予伴侶降低衝突的建議，裡頭都含有這個成分。他們會教雙方，不要用「你」來開啟句子，不要說像是「你忘記關門了」──這種說法聽起來像在指責對方。雙方學會更好的說話方法，運用更中性的詞彙，像是「門沒有鎖，我怕會遭小偷」。會這樣說話的人是攝影師，而不是主角。研究證實，改變說話方式能夠降低衝突。確實，這就是彭尼貝克《代名詞的祕密人生》一書中提到的概念。然而，自我抽離好像不是與生俱來的能力，所以多數人都不會這麼做。綜合克洛斯和彭尼貝克等研究人員的看法，我們大概可以詳細列出行動步驟。

筆鋒更銳利

　　為了方便討論，假設大家現在面對職場人際衝突，跟同事爭論後，火冒三丈，但也知道必須解決問題。我們來使用剛剛討論的表達性書寫，並與其他技巧混搭。融合克洛斯和彭尼貝克的想法，看看是不是能夠增加解決紛爭的機率。這個方法能夠區分成三個步驟：

一、**時間**：接下來的四天中，每天留下二十分鐘。

二、**書寫**：在這二十分鐘，寫下發生衝突的事。從第三者的角度，也就是攝影師的角度，觀察這個衝突。寫下「對手」的言行，以及自己的言行。其中要描述你和對手在衝突中的意圖與動機。不妨想一想，「人都會做自己覺得很有道理的事」。寫下當時對手和自己分別覺得有道理的事，這可能非常困難，至少剛開始的時候很困難。

三、**重複練習**：持續三天，每次花二十分鐘，重新寫下經歷。

　　表達性書寫要奏效，就要遵循一些原則。首先，要持續書寫。以意識流的方式書寫。不要擔心錯字、文法、句讀、或是其他障礙，隨意寫下的文字最棒了。

　　再來，要針對一名讀者書寫，這名讀者就是你。內容不應該是進攻策略，不要想壓制對手，也不要想像出陪審團，以為自己要說服他們自己沒錯，錯的是別人——要記得，你是第三人，是攝影師，工作只是要描述事件，從旁觀察。有些人寫完

後會撕掉，有些人則會留下來，之後回頭看。不管是要撕掉還是保存，用意都是要給自己閱讀。

運用這些技巧，就能夠從事件中抽離，做好心理準備，等到真的對峙時，就能夠派上用場。這個作法的好處很多，心理健康、整體健康、生理功能等，特別是與壓力相關的面相，都可透過這個技巧顯著改善。而且在書寫停止後的三個月，還是能夠看到正向結果。綜合分析這項研究後，大家會問：「結果是否都這樣呢？」根據大量研究，正向效果非常顯著，R 值介於 0.611 ～ 0.681 間（回想一下以前上過的統計課，R 值會用來衡量兩變數間的相關性，數值愈高越好，0.6 很好）。彭尼貝克的《代名詞的祕密人生》提供的練習，能夠消滅許多病因，避免關係生變。

這就是祕密靈藥。請記得，負面情緒反應會大幅妨礙衝突的和解，所以降低情緒反應是關鍵。如果目標是長期的和解，降低負面情緒就更重要了。

衝突與偏見

我之前說過，要再深入探索衝突的本質，探討偏見、刻板印象、偏見，這些東西自古以來，就造成一些非常可怕的行為。首先，我想引用莎士比亞的話，我覺得這是這位大詩人寫出最揪心、駭人的句子。這是《威尼斯商人》中夏洛克說的話，他是該部作品中最有爭議的角色。他說：

我是猶太人。猶太人沒有眼睛嗎？猶太人沒有五官四肢，

沒有知覺、感情、熱情嗎？……如果你刺我們，我們難道不會流血嗎？如果你搔我們癢，我們難道不會大笑嗎？如果你對我們下毒，我們難道不會死嗎？如果你欺負我們，我們難道不會復仇嗎？

我說「揪心」，是因為夏洛克所說的偏見十分殘酷，一點也不公平；我說「駭人」，因為他口中的痛苦到現在仍然存在，真的非常可怕。看看大屠殺，就可以知道偏見對於人類的可怕影響；看看非洲盧安達的種族屠殺，或是美國四百多年的奴役歷史，看看黑人歧視法以及種族不平等造成的傷口，至今尚未癒合。偏見，是難以擺脫的毒藥，會滲入生命的各個角落中，從宗教到種族，從政治到性別，從我們對於老人的看法，到我們對於肥胖的看法，都不能倖免。大家之後會看到，偏見很難被測量，也很難被擺脫，讓人氣餒。

偏見的定義

這些難以擺脫的行為是從哪裡來的？我認識的人當中，大家都不喜歡偏見；我認識的人當中，都不想要有偏見；但我認識的人都有偏見。研究顯示，每個人都有偏見。要找出解決方法，就必須先定義一些名詞。

科學家把帶有偏見的行為，依照社會動機粗略分類。這些力量促使我們訂定自己與他人的關係（像是分辨「你」「我」，或是「我們」「他們」「其他人」等）。演化心理學家表示，這種需求一開始可能是一種經過選擇的特徵，能夠刺激我們建

立社群團體，然後予以描述。這樣的傾向創造出同盟，能夠征服世界，接著能夠互相征服。當大家把價值判斷歸咎於自己所屬的團體時，就會出現危險的狀況。「我們」（有時候又稱為組內）感覺起來「安全」「很棒」，而「其他人」（有時候稱為組外）感覺起來就「不安全」「沒那麼棒」。團隊忠誠度也差不多，另外還有以社會忠誠度定義的部落意識，在歐洲就跟足球賽一樣常見。

這個社會標準幫助我們理解三個重要概念的科學定義，這些概念也有非科學、一般的定義：

刻板印象

刻板印象含有「過度類化」（overgeneralization）的成分。對組外人士形成刻板印象的人，想找出組外人士持續出現的特點（包括行為、生理、經濟等，族繁不及備載），並歸咎於該組外成員。種族玩笑通常把這些特點當作笑點。

成見

成見涉及的情緒反應，也就是情感反應，是組內成員對於組外人士的反應。反應可以好到很驚人（金髮的人都很棒），或壞到很嚇人（我討厭所有的猶太人）。刻板印象在腦海形成，成見在心裡形成。

偏見

偏見與其他概念不同的地方，在於其與感知威脅間的關係。偏見有兩種，**第一種是外顯偏見（explicit bias）**，常見的定義

如：

對於特定人士或族群，我們在意識層面上的態度和信念。這些偏見會形成和被表達出來，多半是因為偵測到了威脅。

第二種偏見，叫做內隱偏見（implicit bias），這是無法意識到的評斷。就算偵測不到「威脅」，人還是會出現反應。內隱偏見也叫做無意識偏見，定義是「大腦自動把刻板印象或態度，連結到特定族群，卻往往自己沒有意識到」。

對於許多人來說，出現內隱偏見很丟人，就像是看不到的印記，與自己的價值系統矛盾。但這些偏見好像天生存在，在我們的意識中蠢蠢欲動，在「潛意識」的心理汪洋中悠游。

內隱連結測驗

內隱偏見我們通常不會意識到，那怎麼知道內隱偏見存在呢？是不是就像沒有人聞得到的氣味呢？行為科學家有許多方式能夠衡量內隱偏見，不管偏見多細微，都能夠測得到。有一個心理測量工具很有名，但有點爭議，叫做「內隱連結測驗」（Implicit Association Test, IAT）。

坦白說，某些人很討厭這個測驗，做過之後還會更討厭。受測者的反應從被冤枉，到熱辣辣的羞辱。如果測驗顯示出大家的負面特點，但自己又察覺不到，那麼就可能不會接受測驗結果，予以抨擊，最後根本不相信這個測驗。

我們來看看爭議的緣由是什麼。

內隱連結測驗包含若干部分，衡量受測者對於兩變數間的關聯，感覺有多強烈。第一個變數叫做目標（像是年輕、老年、中年人），第二個變數叫做評估（好、壞、沒有特別偏好）。測驗由電腦執行，會快速顯示特定字詞的配對，然後測量你認同特定字詞關係的時間。由於我們認為特定概念相符時，反應時間就會比較短，所以理論上測量時間應該能夠透露出我們的思考方式。以下提供範例（但是實際的測驗更複雜），假設大家因為年齡歧視而苦惱，偏好年輕人，不喜歡老年人，那麼「年輕＋好」或「高齡＋壞」出現在螢幕上時，大家的反應就會快過「年輕＋壞」或「高齡＋好」。雖說你可能會認為人人平等，但是這個測驗卻顯示，你還是偷偷的偏好年輕人。這就是內隱偏見。

　　請注意，內隱連結測驗可以測量的範圍很廣，並不是只有年齡歧視而已，還能夠用來評估人們對於種族、性向、性別、宗教等面向的態度。大家也要知道，有科學研究反對內隱連結測驗。研究人員提出疑慮，懷疑其再測信度（某次實驗取得一個分數後，於另外一個時間點也取得相似的分數）。另外有人提出批評，認為某些社會脈絡，會影響內隱連結測驗的分數，因此不準確。而且，有人會想要戲弄系統，在這類情形中，受測者往往會猜想研究人員的偏好（或是自己想要相信的方式），然後據此作答，而不是按照自己的實際情況。

　　但以上的多數疑慮已經被排除了。一般相信，目前的測驗可以去蕪存菁。舉例來說，內隱連結測驗很能夠預測大家怎麼投票。學界謹慎支持內隱連結測驗，可以用最近的一篇論文概括，題目為〈內隱連結測驗已死，內隱連結測驗萬歲〉（The

IAT Is Dead, Long Live the IAT）。

我非常同意。我很樂意繼續討論運用內隱連結測驗的研究，但前面提到的問題，也一定要謹記在心。

內隱連結測驗有一項重要發現，那就是偏見一旦在心裡生根，要改變就非常困難。拳王阿里（Muhammad Ali）曾經洋洋灑灑大談自己的堅持。這位厲害的拳擊手曾經接受英國國家廣播公司記者巴金森（Michael Parkinson）的現場訪談。阿里談到自己的童年，以及逐漸察覺自己的種族偏見，他說：

> 我以前會問媽媽說：「為什麼所有的東西都是白色的？」……我一直都很好奇，想知道泰山是非洲的森林之王，他為什麼是白人。現場觀眾發出一些零星、緊張的笑聲。所有的東西都是白色的，天使蛋糕是白色的，魔鬼蛋糕是巧克力蛋糕……不好的東西都是黑色的。醜小鴨是黑色的，黑貓代表壞運。如果要威脅別人，會寄黑函。我跟媽媽說：「媽媽，那為什麼不叫『白函』？」白人也會說謊。我一直覺得很奇怪。這時我就發現不對勁了。

沒錯。阿里的訪談已經超過半世紀了，我們卻還在處理這些問題。偏見會鑽進我們的思想，然後緊緊黏在那邊，就像是寄生蟲一樣。

意識的角色

許多人現在也看到了問題，好險。有人嘗試過要提供制度

化的補救措施。這個問題也催生一個小產業，建立諸多課程，像是「多元訓練」，全世界的人資部門都會購買。

　　某些訓練課程的廣告聲稱，能夠降低或甚至消除內隱偏見。你最好不要全然相信這樣的說法。看看佐證資料，很少能證實包含前測與後測的研究皆有效，就算出現真正的改變，也只是曇花一現，非常可笑。偏見不到一個小時就會東山再起，有些人甚至撐不到半個小時。多數課程甚至尚未經過測試。發明內隱連結測驗的學者格林華德（Anthony Greenwald）在最近的訪談中表示：

　　我現在很懷疑打著內隱偏見名號的課程內容，因為這些方法沒有經過科學驗證，到底有沒有效，也沒人知道。

　　這讓人很難過。許多設計多元訓練課程的人，其實立意良善。他們看到社會的傷痕，想要撫平傷痛。

　　幸好，還有一些跡象透露出希望。

　　下面我們會檢視一些方法，應該還有些發展的可能，每一個都經過同儕審查。**第一個策略，是找到方式摒除已經形成偏見的傾向**，跨越認知困境，繼續往前行。有一個很了不起的研究，發表至今已經超過二十年了，講的就是這個方法。這個研究檢視的是美國交響樂團中的性別歧視。

交響樂團的教訓

　　以前，交響樂團徵選音樂家，都是指揮事先找好的人，而

且以前的指揮都是男性。想當然爾，他們選擇的都是男性樂手。到了 1960 年代，頂尖樂團中，只有 6％的音樂家是女性。

一年一年過去，狀況也改變了。某些交響樂團在開始甄選團員時，請應徵的音樂家在窗簾或屏風後方演奏。這樣就可以不用透露音樂家的性別，甄選委員就不會出現偏見。這個效果非常顯著。到了 1993 年，交響樂團的女性音樂家人數增加了 21％。

這類的研究，往往都會談到成功破除偏見的故事——但仍然有個問題。垂簾甄選這類的策略，能夠緩和偏見的影響，但又不需要消弭偏見，有點像是斬草不除根。

是否能夠使用認知除草鏟，徹底根除我們思想裡的偏見呢？幸好還有一些跡象透露出希望。我在英國廣播公司的廣播節目《九點兩分》（*Two Minutes Past Nine*）中，找到清楚的例子，主題是奧克拉荷馬市可怕的爆炸案，時間點是 1995 年 4 月。這個節目的最後一集，說的是美國歷史中哀傷的一頁，探討恩哈希（Imad Enchassi）的和解事件。他是奧克拉荷馬市清真寺的伊瑪目，也就是伊斯蘭教領袖。那座清真寺是很龐大的建築，裡面還有一個免費診所，但常常遇到反伊斯蘭教民兵組織的騷擾。

有一天，清真寺的伊瑪目鼓起勇氣，走向一名正在抗議的民兵團成員——他的身材高大，拿著一把 M16 步槍，揮來揮去。伊瑪目問他，為什麼要抗議，他以為自己會聽到非常憤怒的回答。然而，那位民兵團成員只回說，自己在反伊斯蘭教。這句話進而延伸出好長的一段對話。

伊瑪目很快的就發現，對方臉上有一顆痣，看起來很不尋

常，所以提醒對方去檢查。但對方說，沒有錢去看醫生，聽到這點，伊瑪姆心中燃起希望，他說：「我們這邊就有免費診所！」

然後，伊瑪目帶著這位揮舞步槍的抗議民眾，走進清真寺。那顆痣是腫瘤，需要治療。這位抗議的民兵，從此以後整個人都變了——我們長話短說。伊瑪目表示：「他到現在都還在我們的免費診所接受治療，現在是我們的保全。」

是否能夠訓練一個人，讓他們頓悟，改變行為，就像這名民兵一樣呢？要具備哪種智慧，才能夠像是恩哈希一樣，幫助那位示威人士呢？有沒有機會能夠找到解藥，根除根深蒂固的偏見呢？有一些研究就是在探討這點。

正在驗證的方法

有些方法證實成功奏效，而且現在仍然繼續接受驗證。方法如下：

一、緩和法

這個方法會訓練人可能受到偏見影響時，先慢下腳步，再做出決定。研究人員發現，快速因應特定情況的人，往往根據定見來做出反應。要是能夠先仔細思考，深思熟慮，再做決定，往往不會受到偏見影響。

二、環境法

這個方法的基礎，是了解偏見不一定每次都會出現，而是

由特定環境暗示誘發。要是能夠找出誘發偏見運作的暗示，就可以先一步發現偏見。顯然，這是斬草除根的第一步（這是掌握偏見的關鍵步驟）。

三、教育

教育的策略五花八門，有一些描述偏見運作的機制，也有一些提供成功人士的例子，證明他們並不符合刻板印象。有兩支研究團隊合作，想要找出方法，打擊性別歧視。他們發現，教導大家不同性別的行為差異，可改善不同性別間的師徒關係——這只是其中一個例子而已。他們在《哈佛商業評論》中表示：

> 男性若能接受……生理性別與社會性別背後的神經學，以及性別社會化同樣可觀的效果，會比較有自覺，與女性的師徒關係，輔導效果也比較好。

但令人遺憾的是，我們不知道，教育是否能夠成功治療每種偏見，也不知道緩和法和環境法的長期效果如何。治療偏見沒有萬靈丹，這點毫不意外。這條路上，我們已經有了長足的進展，解決過去重要且敏感的法律議題，像是同性婚姻。然而，對於其他造成社會問題的偏見，進展仍然不夠（想想美國的種族關係）。

儘管如此，我還是抱持希望。多數訓練策略都能處理，甚至重建一個人的思考模式，這時認知神經學仍然能派上用場。其實我們知道如何改變人們對於事情的看法和感受，但是這個

令人信服的方法，在坊間的訓練課程中找不到，可以在治療師的診間找到。

改變心態

偶爾會遇到這樣一位科學巨人，他的外貌和行為完全不符合他的地位。其中一個例子，就是開發出「認知行為療法」（cognitive behavioral therapy, CBT）的傳奇精神科醫師貝克（Aaron Beck）。他很會自嘲，留著一頭白髮，打著蝴蝶結，像是從 1950 年代的漫畫中走出來一樣。他的聲音很像簧片吹出來的一樣尖細，頭腦精明得像是手術刀，心裡暖得像是冬天的壁爐。

貝克的認知行為療法所幫助的悲慘人們，大概比心理治療問世以來的其他技巧都還要多。這個療法的基礎很好懂：**要建立長期的行為改變，就必須打擊負面行為的根源，也就是思考模式**。認知行為療法的基礎看起來顯而易見，但卻促進明顯的行為改變，有時候過了好幾年，效果依舊存在。毫不意外，全世界的醫師都在使用認知行為療法。

我想要深入探討貝克提出的方法，講解其基礎，之後再回來繼續討論偏見。

第一個主題是「焦慮」。經過證實，認知行為療法的效果非常好。例如，「冒牌者症候群」（impostor syndrom）是一種焦慮症狀，許多成功的商務人士都經歷過。假設你因此而苦惱，你覺得焦慮，你覺得自己：① 能力極度不足，無法勝任工作；② 你會有現在的成果，全是因為運氣；③ 隨時有人會發現

這點。認知行為療法會把你的注意力引導到思考模式，你會遵照指示，破除冒牌者症候群。

怎麼做？根據認知行為療法，需要：

一、找出負面的自動化想法

首要目標是找出焦慮的根源。在冒牌者症候群案例中，「負面自動化想法」（negative automatic thought, NAT）是覺得有人會發現自己是個騙子。

二、評估負面自動化想法

認知行為療法會要求病人評估負面自動化想法是否合理。「為什麼覺得負面自動化想法是真的？證據是什麼？」

認知行為療法會進一步問：「是否有更平衡的想法，能夠替代負面自動化想法呢？」面對冒牌者症候群，替代想法可能會是：「等一下，我不是一直在騙人。我有些事情真的做得很好。」有趣的是，認知行為療法不會要人相信這個替代想法，只是要想出來而已。其實，相不相信不是問題，習慣才是問題，這點在第三步能夠解釋。

三、獎勵替代想法

認知行為療法接著會要你做兩件事。首先，進行配對練習。只要想到打擊自己的負面自動化想法，就讓這個想法誘導出力道沒那麼重的替代想法。也就是，只要開始覺得自己是騙子的時候，就要想自己不是騙子。接著，每做到剛剛說的兩個任務，就給自己一個小獎勵，什麼都可以（我的一位同事每次辦到上

個步驟，就會吃一顆雷根糖）。獎勵要真的讓人開心，而且每次都要給。

研究顯示，認知行為療法若能好好應用，負面的自動化想法就會隨時間自己凋零，剩下來的，就是正面的替代想法（我的同事還多了一些熱量）。認知行為療法經過證實，對諸多心理疾病都十分有效，像是憂鬱症、強迫症，甚至是知覺失調症都有用。

康莊大道

剛剛討論的認知行為療法，我們知道，有些技術經過證實，可以有效改變人的心態。是否能夠運用認知行為療法的力量，降低種族的內隱偏見呢？

威斯康辛大學麥迪遜分校迪瓦恩（Patricia Devine）帶領的研究團隊，決定要試試看。他們想出一個方法，包含五個行為的子元素，其中有些子元素具備類似認知行為療法的練習。

有一個很像貝克醫師風格的例子，叫做「刻板印象置換」（stereotype replacement）。受測者首先找出要解決的負面自動化想法，在這個研究中，指的是對於自發種族刻板印象的反應。接著他們遵照指示，考量不帶有偏見的反應。之後出現的是置換指示，取代混沌的負面自動化想法，以較乾淨、偏見較少的模型取代。這個訓練包括教導大家，如何避免根據刻板印象做出反應。

介入方法設計完畢之後，實驗開始。在取得所有受測者的內隱連結測驗分數後，受測者會隨機分配到控制組或實驗組，

然後接受訓練。他們學習研究人員設計的五元素介入法。

　　迪瓦恩接著於訓練後的若干時間點，再次進行內隱連結測驗，測驗時間點包括受訓後的第四週、第八週。值得注意的是，迪瓦恩發現，實驗組於第四週時，就開始出現改變。雖說整個專案歷時十二週，但到了第八週，她就找到答案了。論文的一句話言簡意賅：

　　接受介入者之內隱種族偏見大幅下降……控制組的受測者則沒有出現以上效果。長久以來，內隱偏見造成無意的歧視，我們的研究結果可望減少這樣的歧視。

　　這實在值得好好的發表，值得讓大家好好的想一想。偏見或許像是快乾堅固的水泥做成，但是並非牢不可破。努力根除的話，也會有所改變。至少，使用迪瓦恩的鑿岩機，正面效果在訓練結束後的幾個月、甚至幾年後都還可以看得到（而不是幾分鐘或幾個鐘頭）。結果最明顯的受測者，在參與研究之前就開始關注種族歧視。實驗組的受測者，都變得比較擔心自己擁有偏見，他們也比較會注意到，自己容易落入刻板印象。

　　迪瓦恩發表論文（2012 年）以後，有一些研究重現實驗，確認原始研究的成功，讓人著實鬆了一口氣。介入訓練結束後兩年，相較於控制組，實驗組還是自然而然的會反抗偏見，包括願意在社群媒體上對抗偏見，成果非常很明顯。介入訓練也影響了學術部門招聘的性別平衡。接受訓練的部門，有 47% 的新進人員為女性；控制組並未受訓，比例就只有 33%。

　　這個課程很有效，已經納入許多工作坊中，活動名稱顯然

沒有經過威斯康辛大學麥迪遜分校的行銷部門同意，就叫做「打破偏見的介入」課程。

談到這裡，就要提醒下週一你應該做的第一件事，就是研究該課程，了解實證為基礎的課程設計背後的行為機制，成為認知行為療法的介入訓練專家。要詳細了解工作坊，請見 breaktheprejudicehabit.com。

原因很簡單，迪瓦恩探究偏見的根源，就是思考模式。雖然很困難，但是斬草除根正是行為科學的優勢，能夠帶來希望。未來有一天，跟迪瓦恩研究類似的方法，或許能夠讓夏洛克的哀鳴成為歷史，而不是讓我們知道，還有多遠的路要走。

- **介入衝突的兩種基本行為是同理與關懷。**同理可以安撫感情，關懷可以提供幫助。

- **介入或緩解衝突的方式：**

  1. 需要運用想像力去預測他人情緒的能力。

  2. 偵測他人情緒的情緒，看看自己的預測是否正確。

  3. 控制自身的情緒。

  4. 每天花二十分鐘，用第三人的角度寫下來，讓自己從中抽離。

- **偏見是造成衝突的重要因素，如何弭平偏見呢？**

  1. 緩和法。

  2. 環境法。

  3. 教育。

- **負面想法的處理方式：**

  1. 找出負面的自動化想法。

  2. 評估負面的自動化想法。

  3. 獎勵替代想法。

9 大腦討厭壓力

大腦這樣想：

無法控制壓力源出現的頻率，
以及壓力源出現時的劇烈程度，會造成腦損傷。

「敬新的開始！」桃莉‧巴頓（Dolly Parton）這麼說，就像是汽水一樣的有活力。

這個充滿活力的句子，是 1980 年電影《朝九晚五》（ 9 to 5 ）的最後幾句台詞。羅德斯（Doralee Rhodes）是桃莉‧巴頓所飾演的角色，她會那麼高興是有原因的。她和另外兩位女同事，把事業的控制權從辦公室裡的雄性領袖手中搶過來，或者更準確來說是辦公室的改造權。從現代的角度來看，依然非常先進。改造內容包括新增托嬰中心、彈性工時、共享工作、勒戒服務、薪酬平等的訴求，如此的變革降低曠職率。根據劇本，生產力還增加 20％。董事長聽聞改革成功，親自巡視時，羅德斯是這麼說的。

這部電影很賣座，因為芭頓寫的同名歌曲，而更加熱門，還催生一部長達五季的電視劇，觸動至今仍然活絡的文化神經。

這部電影觸動的主題，恰恰符合這個章節的焦點：工作與生活間的平衡。但是，平衡可能不是最好的說法。在美國，兩者都很重要，我們追尋的可能不是兩者間的平衡，比較像是簽

署兩個陣營間的停火協議。2020 年的疫情改變工作與生活的參數，但是雙方依舊在爭戰中，協商也還在進行，這麼多年來，沒完沒了。1980 年的建議也沒有真正付諸實行，讓人遺憾。

但，還是有一絲希望。我們會探討爭戰的雙方，談談神經學建議的和平條約是什麼樣子。我們會討論雙方談判的挑戰，也就是管理壓力，這邊其實說的是時間管理的掌控權。接著，會討論家庭生活，從培養伴侶關係，到撫養小孩——其實這些對工作都有很大的助益。最後會探討，到底要如何在 21 世紀初，就實踐羅德斯對於未來的期望，而不是當作 21 世紀仍然難以達成的目標。答案不意外，一點也不容易。

家庭／工作

到底什麼是工作和生活平衡的問題？為什麼如此難以達成平衡？

先前提過，兩者都很重要，所以說到底，就是要管理時間。人有工作的需求，也有好好過生活的需求，但兩者會互相競爭時間。工作和休閒互不打擾，人生就能夠掌控。

但其實人生很難掌控，至少在北美洲的確如此。勞動和休息會競爭注意力和能量，有時候兩者的競爭非常激烈，要是遇到需要照顧家人的狀況，競爭就會更激烈。許多人在兩者間擺盪，好像是要抵抗宿醉一樣。如果家裡有新生兒，睡不飽，隔天必定慘痛無比。

平衡兩者的時候，通常犧牲的是員工的心理健康。所以認知神經學家有時會應商學院邀請提出意見。諮詢的一開始，商

學院和認知神經學專家會先釐清如何定義他們要談論的事物。

商學院老師會使用像是「工作介入家庭生活」等說法，定義是工作期間發生的事情，影響到了家庭。比如說：老闆開會時對你大吼，你就回家踢狗狗；或者是升遷時，你請家人吃飯。「家庭介入工作」的定義則相反——女兒吐得整張床都是，導致你上班遲到；或者是伴侶寫了一張愛的便箋，你做簡報時感到如魚得水。請注意，上述家庭和職場的定義透露出的意思是，大家對於這些詞彙的看法沒有分歧，這樣其實並不好。

長久以來，大家一直把《天才小麻煩》當作紀錄片（編按：*Leave it to Beaver*；該劇描寫一名小男孩與家人之間的日常生活和冒險故事，主角一家是當時美國中產階級、白人家庭的模範）。像是其中有一半的小孩雙親都沒結婚，現在也有許多單親家庭。非傳統家庭包括同性和非常規性別伴侶，這類清單愈來愈多，也逐漸受到重視，但對一些人來說，還是較難接受。

職場也正在面臨類似的定義轉移，而且早在疫情發生前就開始轉移，之後還會大幅加速。COVID-19 肺炎顛覆職場，在家也能辦公。很有可能許多人會繼續把「居家」融入「工作」的體驗中。

這些改變都十分新穎，鮮少有研究調查非傳統家庭與非傳統職場在現今社會的功能。現有的少量研究中，與探討「傳統」家庭和工作結構的老研究呈現出相當一致的結果。然而在此，我必須附上科學界最愛的註腳——仍需要更多的研究。

大家可以說，達成工作和生活平衡的方式正在改變，就跟多數社會秩序被破壞一樣，會造成緊張。神經學家與商業研究人員一起合作，探討心理健康的相關議題，首先討論的是大腦

如何因應壓力。合作要有進展，就一定要先確認雙方所謂的壓力。

對雙方來說，壓力某程度上都很容易理解。員工要「萬事通」，卻發現自己「寸步難行」時，就會感到壓力。

壓力與影響

來談談壓力吧。大家應該馬上聯想得到，研究人員也測得出來，壓力真的會損害認知功能。最嚴重的是，長期壓力會導致腦損傷。不過，研究人員一開始無法定義壓力這個壞東西——這大概有點出人意表。

一開始要先大刀闊斧，移除許多混雜的其他元素。有一個元素很突出，就是並非所有的壓力都會傷害大腦。輕微的壓力甚至可以在某些情況中，可以加強表現，這就是行為科學家所說的良性壓力。我們也知道，面對壓力的經歷非常主觀，有些人熱愛高空彈跳，覺得這個活動很刺激，充滿良性壓力；但些人覺得高空彈跳簡直是惡夢一場，光想到就覺得緊張。

甚至連生理反應都不是非黑即白。假設你給我看兩個人的生理檢查報告，一位受試者感到非常愉悅，另一位則感到壓力極大，然後問我哪份報告是哪個人的。看到我的答案，你大概會很挫敗，因為我也看不出當中的差別，其他專家也看不出來。這兩份報告太像了，分不出來。

研究顯示，許多人的重點都放錯了。**造成不良反應的原因並不是討人厭的刺激，而是無法控制，才導致行為崩壞。**如果討人厭的東西能夠被掌握，大概也不會說有壓力了吧。但是，

無法控制、討人厭的刺激，這個感受愈明顯，就愈可能面臨有害的壓力。

失去控制有兩個衡量的測度：**無法控制壓力源出現的頻率，以及壓力源出現時的劇烈程度**。這就像是要大家做一份工作，但不給預算和人力，因此無法辦到，但又要衡量績效。

現在我們知道，無法控制的壓力，會減損認知能力，而且幾乎所有的認知能力都有影響。工作記憶（短期記憶）會被壓抑，心情難以控制，長期記憶的形成也會受到阻礙。壓力會影響流動智力（編按：fluid intelligence；在沒有事先學習或經驗的情況下，快速適應和應對新情境的能力）、問題解決技巧、模式比對能力。**這種無法控制的極度緊張狀態，最嚴重時會讓人覺得，不管做什麼，壞事都會發生，這就是所謂「習得性無助感」**（learned helplessness）。如果這種感受很強烈，就會把人推入憂鬱症的深淵。

以下的例子，就是快要面臨習得性無助感的情況。這個人在新手父母網站上寫了這段話（這個網站現在已經不存在）。情況看來很糟：

我交不到朋友。我老公晚上要上班，我很懷念以前有人可以說話的日子。我很討厭朝九晚五的工作，但是也很想念與同事相處的情誼。我有時候想要獨處，不想跟小孩玩，就讓她看電視，但我討厭這點。我需要更多獨處的時間、跟先生共度兩人時光，但我也需要多花一點時間跟女兒玩。我有嚴重的媽媽罪惡感，我覺得很討厭。

商業與壓力

　　早在疫情開始前，美國勞工就已經感受到失去控制對認知帶來的損害。2020 年 2 月有一項調查，顯示壓力對於美國勞工的工作影響。多數勞工表示，自己因為工作，壓力大到不舒服。其實這段描述還算小意思，高達 61% 的美國人感到過勞，造成這樣有毒的感覺原因就是事情太多、時間太少。COVID-19 疫情爆發之後，這個數字暴增到 73%。

　　這些感受顯然很糟糕，造成的原因包括工作沒有保障，以及工作量無法負荷。但是最大的壓力源，美國勞工認為，是工作與家庭的界線正在消失。

　　這邊的重點是，居家與工作之間的界線模糊，對工作產生莫大的影響。因為工作記憶消失，幾乎百分之百會導致工作時犯下更多的錯。無法控制心情的話，也會更容易與同事、小孩起衝突，跟每個人都比較容易產生摩擦。長久下來，心理健康就可能受到影響，比較容易罹患心理病理學之類的情感疾患，其中最有名的兩個是憂鬱症和焦慮。

　　壓力也會對生理健康產生重大影響，大家最熟知的應該是心血管健康。比較鮮為人知的，則是壓力會導致人體比較容易受到病毒、真菌、細菌感染。我們連原因都查出來了：壓力激素上升（像是皮質醇），人類免疫系統的輔助 T 細胞等特定細胞就會受到攻擊，這些細胞死掉後，無法抵禦不良的微生物；但如果今天壓力較小，就可以發揮正常的防禦功能。你想想看，如果沒有 T 細胞，生活會變成什麼樣子，不妨看看造成愛滋病的人類後天免疫缺陷病毒，這個病毒攻擊的就是這些 T 細胞，

造成其餘的免疫反應受到損害。在有效的治療方法上市前，罹患愛滋病就等於獲判死刑。如果工作和生活不平衡，就會傷害免疫系統，到時候連普通感冒都沒辦法抵禦。

星星升起時

這些資料當然有一些差異，舉例來說，職業不同，過勞程度也不同。受壓力影響最大的人，是像思科（Cisco）等科技大廠的員工，以及任職於來福車（Lyft）等「零工」產業的人。但是這樣的情形處處可見，多數過勞的人會感受不到喜悅，只能勉強維生。

他們在人生的各個階段，因為工作與生活不平衡而感受到的壓力不同。員工在養兒育女的年紀，所煩惱的東西，也跟要退休的人不同；這兩種人所擔心的，也跟事業剛起步的人不同。

也就是說，不管職業，不管人生階段，問題都出在是否能夠掌握狀況。這個理論經過驗證，目的是研究之前提到的工作－家庭介入路徑。研究顯示，員工要是比較能夠掌握工作狀況，對於家庭健康會有直接的益處。掌握程度高，能夠造就短期、明顯的好處。

有一群研究人員決定要了解，員工若是比較能夠掌握工作的一個面向，也就是時程，對於員工會有什麼影響。受試者主要是異性戀，且處於長期、穩定的人際關係中。研究方法如下：

研究人員測試一項計畫，其中包含支援、轉型、成就、結果（Support, Transform, Achieve, Results; STAR），這是一種行

為介入的訓練方法，由工作、家庭、健康網路的研究人員聯合開發。這個計畫賦予員工更多權力，讓他們掌握時間，好讓他們平衡工作與私人時間。另外，也告知雇主要支援員工做出的改變，而不是反對。實驗為期十二個月。

實驗到了最後一個報告週期，成果斐然。參與這項計畫的員工壓力減輕，過勞的情況也減輕，與主管的關係變好，工作滿意度也提升了。而且最棒的是，家庭和工作中的衝突也減少了。這樣子的資料，能夠寫在新聞稿中，也能夠寫成科學論文。

這個計畫對於實驗組女性員工來說，特別有效（有點難過，但也算合理，之後我們很快會討論）。有一個效果出乎意料──家裡如果有青少年，賦予員工掌控時程的權力，效果更好。青少年會睡得比較好，比較健康，情感一般而言也更正面。我無法想像出比這個更棒的發現，能顯示出家庭情緒的動態變化。

家庭夥伴關係

這些資料很棒，但只涵蓋一個方向──工作對於家庭的影響。另外一個方向呢？家庭對於工作的影響呢？家裡發生的事情，是否也會影響工作呢？

答案是肯定的。問一個簡單的問題，就可以懂了：「昨天晚上有沒有睡好呢？」我和其他神經學家從大家的答案就可以知道，你今天的工作生產力如何。如果昨晚睡得不好，品質不佳的睡眠就像是不配合的狗狗一樣，會在後面拖著你。還有其

他範例，能顯示大腦在家裡遇到的事情，對於開工時狀態會有巨大影響。研究人員調查兩組人，來探討家庭對於工作的影響。他們研究的一群人是沒有小孩子的配偶，另外一群人則有小孩。多數伴侶都處於長期異性關係中（有婚姻關係）。

首先來看看對於家庭伴侶關係的影響（這邊特別指婚姻品質）。有好消息，也有壞消息。好消息是，有一位樂觀、能夠提供諮詢意見與穩定性的配偶，生產力就能提高。

有一篇論文檢視人格特質，受試者達五千多人，題目名稱看起來讓人很開心：〈配偶的長遠影響：配偶的個性能夠決定事業是否成功〉（The Long Reach of One's Spouse: Spouses' Personality Influences Occupational Success）。研究團隊發現，多數嚴謹自律的人，另一半事業都非常成功，這點不論男女都一樣。這些幸運的人，比較喜歡自己的工作，更可能晉升；當然，賺的錢更多。這些資料符合臉書營運長桑德伯格（Sheryl Sandberg）說過的話，她說：

女性最重要的職涯決定，就是決定是否要有伴侶，以及對象是誰。

想想看這個例子，一樣出自之前提到的新手父母網站：

我懷孕三十七週又兩天了，懷的是同卵雙胞胎女孩，明天就要住院生產。昨天，我親愛的老公招待我和閨密去做水療，表達感謝之意。我剪了新髮型，做了挑染、臉部保養、手足保養。回到家的時候，看到他準備好我（懷孕期間）想吃的東西，非常

齊全。今天晚上……他送我上床睡覺，然就去打掃家裡，迎接寶寶。我愛死這個男人了！

這個研究的另外一面，探討的就是離婚與工作生產力。大家可能猜得到，結果不是很好看。當多數員工面臨離婚，與生產力息息相關的行為就會改變，最常見的時間點，似乎是在分手前的六個月。這個時候，員工可能會難以專心，記不住事情，像是會忘記約定時間，忘記做報告，翹班去跟律師開會，常常出庭，時常缺勤。研究結果發現，面臨離婚的員工，相較於伴侶關係穩定的員工，生產力低了 40%，導致美國的企業每年損失 3 千億美元。壞消息是，工作與家庭生活，就像是用鏈子綁在一起的犯人。

壞消息是，家庭很重要

在家裡發生的事情，不只對家庭有影響而已。

如果有孩子的話，這些影響會更大。以前有些公司不太願意雇用有家庭的員工，特別是剛生小孩的年輕人。有名男子偷偷跟我說，他不會雇用生育年齡的女性，他憤恨不平的抱怨：「她們一懷孕就會離職。」

這聽起來很厭女（的確是），而且也違法（歧視懷孕婦女是違法的），也很短視近利，非常驚人。但沒有家庭，沒有吵鬧的拖油瓶，公司長期賴以為生的經濟可是會萬劫不復。這個事實可以被量化，等一下就會看到。公司要是認為有家庭的員工是短期債務，而不是長期資產，這種決策方式像是只看天

氣，卻故意忽略氣候。

不難理解，為什麼有些公司，有時會把剛成家的員工看成負債。當工作突然要跟家庭競爭優先位置，小嬰兒一定會替新手父母的生活帶來壓力。也就是說，家庭生活會消耗心力和體力，像是睡不夠、經常改變行程、支出增加、日常期待大幅改變⋯⋯事情多到超乎意料。這個失控的感受，會在升格當父母的前幾個月，導致過勞的警鈴響起，而且持續好幾年都不太會改變。雖說工作與生產力不一定會受到影響，但通常都會降低表現。

新手父母的壓力可以用數字表現。想想看，剛才說到睡眠不足。嬰兒出生的前六個月，父母平均每晚只有兩個小時的睡眠不會被打擾。有30％的新手爸媽，會在上班時睡著（21％會在車上睡著！），睡眠時間遭到長時間剝奪。一般來說，媽媽要回到寶寶出生前的睡眠時間，得等到孩子六歲的時候。

大家可能想得到，這樣子的影響會造成高額的成本。各式各樣的睡眠剝奪，導致美國經濟每年損失4,110億美元。養育小孩是世界上最困難的業餘運動，幾乎對每個人來說都不簡單。對於家庭和工作的人際關係，都會造成裂痕。某些商務人士可能短期內不會想要養小孩。

新手父母有一個隱性的壓力源，不是跟孩子的互動，而是與配偶的互動。研究顯示，婚姻衝突在生了第一個小孩後，攀升40％。有三分之二的已婚人士表示，伴侶關係的品質到了小孩三歲時，就下降了。

養兒育女對於工作的影響，對職業婦女來說較為顯著。Google發現，生小孩後辭職的女性數目，高於公司平均離職率

的兩倍，而且這還是疫情前的數字。在疫情後的世界，主要人力資源來自女性的產業（例如：教育、餐飲服務、零售），受到大幅的影響。在這次疫情中，女性放棄工作，離開職場，而且比例極高，甚至產生「女力衰退」（she-cession）這個名詞。最常見的原因，是因為家庭無法負擔托育服務，所以有人就得回家，這個人就是媽媽。2020 年 12 月，疫情達到高峰，女性失去 15 萬 6 千份工作。反觀，還有更多男性找到工作，工作人數增加 1 萬 6 千人。

如此失衡的比例，以及隨之而來的壓力，甚至連疫情封城期間的雙薪家庭都能看到。倫敦大學學院研究了家事和育兒任務分配，研究對象是隔離期間的異性戀家庭。女性做的家事和育兒工作，依舊是男性的兩倍，但兩人其實都在家裡，照理說家事分配應該要更平均。這就是非常、非常大的壓力。所以從企業的角度來看，很容易理解，為什麼短期內，家庭不會對為工作帶來太多好處。

好消息是，家庭很重要

我不是在批評家庭。如果大家想要生小孩，請別介意。我養了兩個兒子，我可以跟大家說，照顧小孩是最讓人心暖、感動、開心的經歷，雖然有時候也非常瘋狂。剛剛那個網站的最後兩個故事，可以好好說明其中的差別。

第一個故事發生在年輕的家庭：

笑死我。我親愛的先生在跟四歲的女兒玩扮家家酒，女兒的

規則是：爹地要穿漂亮的女用羽毛長圍巾，還有夾式耳環。她現在在教他小拇指要怎麼翹（要伸蘭花指）。笑死，我現在要去拿相機！！

下面這則貼文的人則是年紀比較大的媽媽：

我女兒現在是心理系助理教授！我昨天去聽她的課，坐在後排。現在我很敬重她，把她看成一位成年女性，不再只是我女兒了。她是有熱情的女性，受過良好的教育，是我可以學習的對象。真的很難相信我養出這樣的女兒！

如果可以讓員工經歷這樣的感受，力量不容小覷。公司要是把養兒育女的員工看成資產，而不是看成負債，會有更豐碩的成果，只是要等一段時間才能看到。研究指出，改變員工家中的狀況，尤其是改變的內容擴及家庭成員，就會一點一滴的長期累積工作上的好處。問題出在，要如何讓管理團隊安心的選擇馬拉松選手，而不是一直選短跑選手。贏得這場比賽最簡單的方式是什麼呢？就是把產假與育嬰假納入企業福利中。

結果非常有效。提供產假，就能夠留下寶貴的女性高階主管，省下六位數字的成本（替補高階人才，平均需花費 21 萬 3 千美元）。Google 就是一個很好的例子。大家回想一下，他們發現，女性生小孩後的離職率，是平均的兩倍。Google 接著推出帶薪產假，離職率就降回平均數字了。推出產假，也能夠降低離婚率，大約可以省下 3 千億美元。

陪產假經研究後，也證實有相似的正面效益，可以降低離

婚率，母親的產後健康也能獲得改善（或許是因為有人在家分擔家事）。這樣的協助在生產過後也會持續。請過陪產假的父親，參與育兒的程度比較高，這樣的情形會持續多年。

驚人的是，這些資料顯示，帶薪假的淨成本其實是零。提供育兒福利給每位員工，聽起來要花很多錢——一開始確實如此，但長期提供育兒福利的成本，之後會被報酬抵銷，不管是從績效還是獲利來看，這類福利的價格，大約等於因懷孕或育兒產生的離職成本。很難相信嗎？許多公司都做過這樣子的分析，其中很多來自加州的公司。Google 就是很好的例子。

以下的話引用自博克（Laszlo Bock），他曾是 Google 人力營運（人資）資深副總。他這麼描述兩個月的帶薪產假：

> 我們最後算出數字，顯示這個福利不會增加成本。讓媽媽多休幾個月的假，成本低於零，可以留下她的長才，又不用多付錢尋找、訓練新人。

嬰兒的好處

以上這些資料應該很有利，足以說服公司應該要選馬拉松，採用健全的產假與育嬰假制度，提升長期獲利。但除了公司本身的利益以外，還有一個更有利的論點，能夠支持這樣的福利計畫。這個論點跟公司本身的需求有關，要滿足這個需求，公司未來幾十年才能夠存活。我要說的是文化，特別是社會環境。孩子會長大成人，最後會成為員工。

有一個發展神經學的分支研究，研究的就是社會穩定對於

孩子長期腦部健康的影響。研究看到一個獨特的模式，這點在這個領域很少見，所以我們需要花一些時間，討論一下大腦在人生的最初幾年如何發展。

嬰兒出生前的一千天非常重要，甚至影響嬰兒多年後的行為，像是學習與他人交談、建立關係等。所有嬰兒一生會用到的社交技巧，會在這幾年間建立。這些行為的健全與否，會決定他們未來進入職場後，是否會成為優良的員工。

有許多資料支持這個論點，包括行為、神經生物、甚至是經濟學研究。有一個讓人開心的例子，出自於楚尼克（Ed Tronick）的實驗室。許多年前，**他就指出「互動同步性」（interaction synchrony）這個行為非常重要。**這是思慮周全的親子溝通模式，家長會學習評估孩子是否需要增加互動。家長注意嬰兒的提示訊號，就會知道自己是否：① 過度刺激嬰兒，這時家長就需要暫時抽離；或者 ② 給予嬰兒的刺激不夠，這時家長就要多提供刺激。一旦學會這個技巧，這個充滿關愛的互動模式，就能夠持續一整天。

這種同步互動並不是前所未見，已經有好幾個世紀的父母都這樣做了，而且也不會花太多時間，但確實家長需要陪伴嬰兒一整天。楚尼克研究中創新的部分，是他發現這樣的同步非常重要，會影響孩童之後的發展模式。他說：

嬰兒和照顧者的情緒表達功能，使他們能夠互相調節彼此的互動。事實上，似乎影響孩子發展的一個主要因素與這種溝通系統的運作有關。

沒錯，影響孩童發展的關鍵因素，好像跟這個溝通系統有關。有神經生物學的資料能夠佐證，楚尼克等科學家為何如此重視嬰兒期的生活。在這個時期，現有的大腦細胞（神經元）會飛快的形成突觸，與其他神經元連結。光是出生後的前十二個月，突觸生長就會增加十多倍；到了三歲的時候，單一神經元平均會有 1 萬 5 千條連結路徑。

　　但是成長部位並不平均。額頭後方的區域（前額葉皮質），在一開始建立網路時，建立的數量最多。童年早期也有一段時期，因為突觸生長太多，導致有一些連結遭到修剪。至於這樣旺盛生長又修剪、與行為發展兩者間有什麼關係，目前還不清楚。但是毫無爭議的，這點非常重要。

　　這些微笑、逗弄小孩、神經重組等，對於經濟的影響都可以衡量，這在我的領域並不多見。國家要是在孩子還很小的時候關心他們，經濟成果會非常驚人。原因是什麼呢？這樣的關懷，對於我們熟悉的執行功能（認知和情緒調控）發展，大有助益。有兩個大型縱向研究在 1970 年代受託進行，叫做 ABC/CARE 研究，它們以實證的方式呈現在執行功能上的好處。

　　研究原本受託在北卡羅來納州進行，實驗主持人問的問題很有趣：高風險、弱勢家庭的小孩在早期發展時就備受關心；三十年後，他們會怎麼樣？實驗組中，弱勢家庭的孩童，在童年早期得到豐富的學習課程。介入時間大概是孩童八週大時，直到五歲多才結束。許多研究團隊，應該說是不同世代的研究團隊，持續的研究課程的影響，研究長達三十年。

　　結果非常棒。這些孩子的大腦經過介入訓練，比較不會犯罪、青少年懷孕、因藥物濫用受苦。比較可能會讀完高中和大

學，帶著一身可以應用的技能，進入成年社會。賺的錢較多，也比較可能建立家庭，以及參與社區事務——長話短說，他們成為適應良好的公民。但控制組委婉說來，狀況就不一樣了。

研究經過多次分析。當中，最有名的就是諾貝爾經濟學獎得主赫克曼（James Heckman）。他發現，相較於介入課程的成本，每名孩童每年的投資報酬率算出來是 10 ～ 13%。他計算，出生時投資 8 千美元（2010 年起，以複利計算），每人一生創造的報酬，是初始投入金額的一百倍（789,395 美元）。接著，他進一步確認發展神經學的結果。他說：

資料顯示……對於從出生到五歲的孩童持續投資學習課程，不只會影響個別的孩童，也能夠加強我們國家現在的人力資本，替未來的世代做好準備，因應明日的全球經濟競爭。

出生率的重要性

公司應該要重視有家庭的員工，還有一個重要的原因，這個原因茲事體大。許多經濟學家以及產業先進，看到我們的國家人口減少，都會有所警覺。順便告訴大家，目前幾乎所有的已開發國家，人口都在減少。舉美國為例，每年的新生兒人數低於目標三十萬人，導致每年人口減少 8%。

為什麼出生率對於國家長期考量來說很重要？為什麼出生率下降那麼讓人擔心？這個故事有許多元素，牽一髮而動全身——我大概要先澄清一些事情，再走進蜿蜒的小路當中。我並不是經濟學家，我的專長是精神病症遺傳學，接觸經濟議題的

經驗，是要了解經濟創傷（例如：金融蕭條）與大腦功能（例如：臨床憂鬱症）之間的關係。我要探索兩者的關係，所以時不時會與經濟學家往來，他們對我解釋過，為什麼要會擔心出生率。摘要如下：

一、**出生的小孩較少，代表未來就業人口較少。**一國的經濟動能就會隨之降低，起碼會導致人力短缺，造成經濟成長緩慢。因為人力不足，沒辦法把事情做完。

二、**工作年齡的人口較低，代表一國的消費較少。**成長趨緩、消費減少會導致許多不良的經濟結果。其中最重要的，就是政府的稅收降低。

三、**出生率降低特別讓人擔心，是因為高齡人口活得愈來愈久。**舉例來說，1900 年時，美國人的平均壽命為 49 歲；到了 2015 年，現代科學把這個數字提升到 72。我認為這個改變最終會帶來好處，但是考量到第四點，好像就不是讓人滿心歡喜的禮物。

四、**這些高齡人口並未主動產生收入，但他們卻會造成花費，多數都由政府買單**（例如：社會安全、高齡醫療保險、低收入戶健康保險等），造成的影響是政府福利政策的負擔增加，同時投入的資金卻逐漸降低。

我懂經濟學家的擔憂了。我很少聽到這些趨勢預測，對於我這樣的人來說，也不太會寫出來。我寫下這個段落的時候，已經六十五歲了；研究經濟的同事很快就提醒我，我已經屬於美國增長速度最快的年齡層。

活生生的訊息

我到現在還是很喜歡寄送、收到賀卡，我說的是實體的卡片，最喜歡的是喜獲第一個寶寶的賀卡。有些卡片的內容很瘋狂，會寫：「跟你說啦，養小孩就像是住在兄弟會或姐妹會宿舍，沒人會睡覺，東西會壞光光，而且到處都是嘔吐物。」有些卡片內容比較實際，但還是很好笑，像是：「我生小孩前，完全不知道叫人把褲子穿上，會毀了對方的人生。」

但我最喜歡的內容，其實完全不好笑，裡面寫的是養兒育女的深奧與辛勞：「寶寶會讓愛更堅強。讓白天過得更快，夜晚變得更漫長。鈔票變少，家庭變快樂，衣服變破舊。忘記過去，期待未來。」

我記得最深刻的，是我大兒子喬許出生時，我收到的賀卡。正面是一般的恭喜，背面則寫著寄件人引用約翰‧甘迺迪的話：「孩子是我們寄給未來活生生的訊息。而那個未來，我們看不到。」

本章看過的資料中，最能體現養兒育女價值的，大概就是剛剛那句話。營造優良工作條件，讓家庭成長茁壯，可能是公司長期下來最重要的社會貢獻，這麼做也最符合公司的最佳利益，以及每個人的最佳利益。公司需要健康的出生率，需要未來世代；未來世代應該要有人能夠花時間，掌握心理和情緒資源，好好的養育他們，讓他們成長。公司需要把員工的家庭看成長期投資。

進展

在這個行動號召背後，是恥辱的標記。雖說我們探討的資料，有許多來自美國的實驗室，但除了美國以外，其他已開發、工業化國家，都提供國家補助（資助）的育嬰假給每位員工。美國沒有育嬰假，也沒有陪產假，什麼都沒有。育嬰假是爭論兩極的政治議題，因此可以說，短期之內這個方案不會上路。我和許多同事一直覺得很訝異，育兒不是政治議題，生物本來就會繁衍後代。

美國聯邦政府不斷努力嘗試，終於在 2020 年 10 月，通過《聯邦員工帶薪假法》（*Federal Employee Paid Leave Act*），提供十二週的帶薪育兒假，適用對象是某些類別的聯邦公務員，且須滿足特定條件。這是不錯的政策，但不適用於美國的所有人，甚至不是每個聯邦政府職員都適用。

私部門的雇主也有類似的努力，他們的行動因為 COVID-19 疫情而加速，而且似乎頗有成效。即便在疫情開始前，「知識產業」中大概有 70％ 的公司，推出類似 Google 的福利計畫（像是微軟、IBM、亞馬遜等公司）。雖說這個消息振奮人心，但現實還是潑了人一桶冷水——這些公司只是例外。據一家公司估計，只有 6％ 的美國公司提供家庭照顧假。但是，最近一項調查的數據卻不同，達到 16％（另外一份調查則宣稱，比例接近 55％）。這些統計差異顯示，目前這個議題仍不穩定，要是考量到疫情相關的復甦事務，情況可能更糟。

不論實際數字為何，有許多公司社群依然毫不在乎這個議題。就算是推出家庭照護假的公司，休假時數、休假時的財務

補貼等福利，也天差地遠。

我不是聯邦政策專家，我是神經學家。現在的世界中，腦力資本是真正的儲備貨幣。美國若要維持競爭力，就必須要全方位的照顧大腦，方法就要從照顧嬰幼兒開始。他們大概需要像你我這樣的人，想要發掘他們的潛能，充滿關愛的悉心照顧。同時，不需要為此不斷跟配偶或老闆吵架。

下週一就維持工作與生活的平衡

我在本章一開始提到《朝九晚五》這部電影，我建議大家重看一遍。芭頓和她在戲裡的同事，其實新增了革命性的職場特點，像是上面提到的控制工時，以及育兒等。他們的主管發現，這些改變驅策生產力的大幅成長，實際的研究論文在幾年後提出了證明（電影甚至預測，同工同酬的呼聲會被忽視，事後證實確實是如此）。

另外，我也建議各位，仔細研究支援、轉型、成就、結果的介入訓練方法（STAR，資料可於 brainrules.net/references 取得）。然後不妨想想，是否要將其原則套用到工作上。給予彈性的工作時程，並不是什麼新的想法，畢竟早在 1980 年《朝九晚五》電影就提過這個概念了！ STAR 也獲得一些很認真的行為科學研究支持。看起來，若是大家能夠掌控情況，就能夠管理任何原因造成的壓力，其中包括行程造成的緊繃，也能夠應付。

STAR 課程也有額外的好處，這個好處經證實有效。我們之前也看過，成效還不錯。最後，我建議各位閱讀赫克曼

的研究，三十年縱向分析顯示，早期的介入訓練非常重要。之後，再根據本章所引用的參考文獻，進一步研究發展神經學的相關內容。如果大家：① 要找工作；② 在考慮要不要生小孩；③ 評估一家公司是否設有帶薪育嬰假。如果公司沒有這樣的福利，就不要去。如果現在的工作並沒有這樣的政策，建議把這章和佐證資料，交給管理團隊。

如果想要積極一點，寫信或致電給立法委員，敦促他們支持立法，將帶薪育嬰假納入法規中。跟他們解釋，這不是政治議題，這是很務實的政策。利用這個章節的證據，支持你的主張。巴頓扮演的角色最後向同事舉杯敬酒，認為她們改革的職場將開啟新的一頁。如果她最後知道，多年後的情況依舊如此，會很哀傷。

工作對策 9

- 現代人最大的壓力源，**來自工作與家庭的界線正在消失**。必須重新建立平衡點。
- 在找工作時，如果考慮「要不要生小孩」，請「評估一家公司是否設有帶薪育嬰假」。
- 為了改善未來的工作環境與經濟，公司可以投注時間和資源，幫助員工的小孩成長發展，特別應該關心五歲前的孩子。

10 大腦討厭改變

大腦這樣想：

改變，讓大腦面臨未來失控的風險，
但仍有辦法可以讓它改變。

有部機器早就不叫「蒸汽鏟」（譯注：steam shovels；或稱蒸氣鏟，是一種大型的土方機械，通常用於挖掘和移動大量土壤、礫石和其他材料）了，這名字不好，這部機器甚至也不是鏟子，而且也已經不用蒸汽驅動。這玩意兒現在可以被視為老古董了，在二次世界大戰前就已經過時，過時到作家兼藝術家維吉尼亞·李·巴頓（Virginia Lee Burton）寫了一本小童書，書名叫做《邁克和他的蒸汽鏟》（*Mike Mulligan and His Steam Shovel*），裡面寫的其實是「改變」，也就是本章的主題。

在這本書中，有一個角色叫做邁克，他把自己的蒸氣鏟稱做「瑪莉號」。他們一起經過了好多年幸福美滿的時光，他們兩個一起打造隧道、高速公路、辦公大樓的地下室。然而，好景不常。瑪莉號過時了，由更新型的汽油和電動挖土機取而代之。邁克和他鍾愛的蒸氣鏟，很快的就沒工作了，感到非常難過。

直到有一天，他們發現，臨近的砰砰鎮（Popperville）要蓋新的鎮公所。邁克覺得很興奮，就跟官員說，他和他最厲害

的蒸氣鏟，一天內就可以把地下室挖好。在鎮民的歡呼聲中，邁克真的一天內就挖好地下室。

大家現在可能以為，這就是故事的美好結局——結局是很美好，但在那之前，邁克和他的蒸氣鏟遇到最後一個問題。邁克在趕進度，忘記蓋了斜坡，所以蒸氣鏟挖完土後，沒辦法離開洞穴，蒸氣鏟被困在洞裡。作者畫了一張圖，有一台孤苦伶仃的老機器坐在自己挖的深坑中央，走投無路，完美呈現跟不上時代的後果。

這本書在經濟大蕭條的末期出版，當時經濟動盪，席捲美國勞力市場，就像是颶風一樣。很多人跟邁克一樣，被迫適應；現在也是，我們必須適應另一個經濟衝擊，也就是疫情造成的影響。最後一個章節，會探討《邁克和他的蒸氣鏟》的核心，這大概是過去八十年的常態——改變很困難，但是很必要，無可避免；要是不願意改變，就會故步自封。

我們會在這個章節中，發現：① 大腦真的很討厭改變；② 有方法能夠幫助大腦適應改變。我們會討論適應改變的相關研究，這些研究很奇怪，多數都來自於探討習慣如何養成的研究。我們會解釋，好、壞習慣形成的方式與原因，也會解釋要如何把壞習慣，轉變成好習慣。

本人要很高興的告訴大家，這些改變相關的研究，看起來都很樂觀。但也有一些事情要提醒各位，跟巴頓活在同時期的海倫·凱勒（Helen Keller）說過：「路上的轉彎處不是終點……除非你轉不過去。」

改變很困難

改變對於人類來說，真的非常困難。就算能夠帶來正向的結果，依舊也不簡單。2014 年，倫敦地鐵員工罷工時，某些地鐵站被迫關閉。想想看，通勤族受到什麼影響？

罷工嚴重中斷交通，迫使乘客尋找替代路徑；讓人跌破眼鏡的是，新的路徑往往更省時（繞道的員工平均省下七分鐘，原本要搭三十分鐘的地鐵）。然而，就算省下這麼多時間，罷工結束後，還是有 95％的地鐵乘客，選擇原本較費時的路徑，只有 5％使用新的路徑。

不願意改變，也會影響醫療結果。接受緊急繞道手術的病人中，高達 91％還是會過著術前不健康的生活，就算醫師提出警告，跟他們說，要改變生活方式才能活命，他們依然故我。工業化國家罹患重病的人，超過半數都不服用能夠救命的藥。

看來，改變的阻力，到處都是。

在商業環境中，改變也一樣困難，但要計算出有多困難，不太容易。有些研究宣稱，有 70％的商業變革，都雷聲大雨點小，這個數據維持了好幾十年。另有研究指出，這數字不實，真實數字應該是 10％，程度不一的成功率則約為 60％左右。

為什麼有這麼大的差異呢？有一部分的問題還是出在定義。到底什麼是改變？改變的阻力又是什麼？還要大家相信，你的定義能夠一體適用。

最好是辦得到啦！

改變的最佳定義，大概要能夠反映出一個人的經歷，這往往必須套用光譜的概念。改變，應該可以定義為「破壞」。從

某個面向看來，這個定義是微小、漸進的演化適應，不影響既有架構，可能像是被刺到一樣惱人，但不會劇烈到改變生活。從另外一面看來，又真的會改頭換面，劇烈轉型；改變既有架構，就跟心臟病一樣讓人擔心，而且絕對會改變人生。

改變的阻力也是造成統計差距的原因。「改變的阻力」定義可以很籠統，只要保護既有結構的元素，都可以涵蓋在內。阻力也有很多種，有些很巨大，一看就知道跟現況不同。有時候，會導致訴訟，關係分裂；若是發生在地緣政治，則可能導致武裝衝突。有些阻力雖說存在，但不大，一次只增強一點，造成的阻礙幾乎注意不到；有些阻力很被動，說穿了就是力道比較大的慣性而已。

這些阻力的共同之處，就是改變很困難。不管用的是哪個定義，不管困難的定義是什麼，都不簡單。

為什麼改變這麼困難？

不管怎麼定義阻力，它所造成的破壞幾乎人人都討厭。不分年齡，連三天大的嬰兒都不喜歡，原因我們大概也知道。

人類都是控制狂，這點很重要，而且在壓力的定義中根深蒂固。大家大概還記得，前面幾章有提到，壓力本身並不是困擾我們的主因，困擾的是我們無法掌控壓力所引起的困擾。想到未來，我們可能會很焦慮。**引發焦慮的是「心理時間旅行」**（mental time travel）**這個認知小工具**，這是一種很久以前就發展出來的處理方式。心理時間旅行，指的是能夠依據當下的行動，來預知未來的結果。它屬於我們每隔一個章節就會討論

到、一個知名的行為類別——執行功能。

心理時間旅行與改變的阻力，有什麼關係？大家被迫要改變時，就可能面臨未來失控的風險。大家可能會試著想像，改變後的生活會長得什麼樣子，利用這個小工具預測其優缺點，然後控制接下來發生的事，這樣子的過程，會讓許多人感到不安心，畢竟嘗試新事務會有風險。改變可能會帶來疼痛，調整可能導致情況變糟。既然「新」代表疼痛，那麼「新」也就代表「不好」。我認識的人當中，都不喜歡痛苦的破壞。

但除了心理時間旅行以外，我們面對改變時，還會使用其他工具。我們想到「新」，會馬上跟「現在」相比。把「現在」想像成一個地方，要在這邊掌控情況，不是問題，一切都很熟悉，一目了然；相較於不確定的未來，可能還很舒服。我們的想法是，要是「不變」等於「比較不痛苦」，那也就等於「比較好」。

未知的未來，以及可預測的現在兩個認知評價不對等，會在人類腦中造成改變的阻力。

如果你的工作是做研究，那麼就會遇到相當多次的改變，早晚會習慣。早在我披上白色的實驗衣前，我就走上了破壞的旅程。我的年紀夠大，高中寫文章時，用的技術是 15 世紀僧侶很熟悉的紙筆。我還記得文字處理機問世時，與我習慣的中世紀作法互相碰撞，並大聲宣布：「是時候離開中世紀了！」我讀大學的時候，非常早期的微軟文書軟體讓我手足無措，我覺得受到境外勢力的威脅。

起先，我怒氣沖沖，不想改變。天啊！我當時甚至不知該怎麼打字。文字處理機用起來感覺很奇怪，也不舒服。白紙非

常過分，變成了深藍色的螢幕。「頁面」上的字母，不再是由黑色的墨水寫成，而是由微小的光點組成。文字輸入的方式斷斷續續，聲音總讓我想起機槍射擊的聲音，而不是流暢、悠揚的草書書寫節奏。

我大概花了一年半，才學會打字，而且我非常討厭打字。我一直聽到有人說打字可以提升效率，寫字已經過時了。當我要申請研究補助，以前我用手寫幾秒鐘就能寫完的文件，現在卻需要痛苦的幾分鐘才能打出來，我的手指像是小雞啄米一樣。

為什麼我討厭這樣的作法？這個新奇的做事方式，一開始要先付出成本，如果有回報的話，得等很久才會看到。就算擁有很厲害的心理時間旅行，我們還是不太了解短期行為的長期結果。

X 和 C 系統

研究人員想要了解控制認知的大腦網路。利伯曼（Matt Lieberman）等人認為自己發現了兩個網路，第一個稱為「X 系統」，名字源於反射（refleXive）。這群神經元因應當下特定刺激的速度很快、很有效率，主要任務有兩個：① 處理極大多數的立即目標；以及 ② 把這些活動與過去經歷相比，特別是跟過去形成的信念和習慣相比。

第二個系統叫做「C 系統」，源自於「反思」（refleCtive）這個字，就像是 X 系統比較睿智的大哥，這個系統會持續給予建議、糾正、破壞 X 系統做出的結論。C 系統並非自動運作，

對於刺激的反應比較慢，需要消耗許多能量以盡到督導責任。就算一開始要付出高昂的成本（說的就是你，微軟 Word），但如果大家還是樂於接受改變並堅持下去，大概就是因為 C 系統造成的。

當然，並非所有人都認為這樣分類是對的，但是這樣的分類，能夠呈現某些經得起測試的想法。舉例來說，研究人員已經有長足的進展，找出許多行為相應的腦部區域。大腦就算不想改變，還是會因應改變，有時候還願意改變，其相關機制我們現在也更加了解。

神經解剖學

其中最重要的結構，就是 X 系統中的「基底核」（basal ganglia），這個區域蠻大的，有許多不能移動的部分。基底核看起來像是頭大大的捲曲逗號，位於大腦中央。

我們以前以為，這個神經元所組成的標點符號，主要參與的是運動功能。但我們現在知道，基底核有許多斜槓工作，其中一個跟建立習慣有關，另一個則跟產生反應有關。產生反應與習慣的流程，往往需要運動技能，但是基底核當中有許多區域，遇到熟悉、重複、最終自動化的行動，就會活化。你是不是曾經開車回到家，卻完全不記得怎麼回家的？這就要怪基底核了。

C 系統會與各式神經基質互動，其中最大的區域，耗能最多，負責調控執行功能，這個地方就在額頭正後方。很合理，大家回想一下，執行功能負責控制衝動，但遇到改變時，衝動

就難以控制了，大家自然而然會逃避新的責任（像是我的文字處理機的宿敵）。執行功能會提醒你，不管感受如何，都要堅持到底。這個行為不只需要大量能量，而且大腦幾乎對此過敏。難怪我們會抵抗改變。對大腦來說，這樣很耗能。

除了 X 和 C 系統以外，還有其他神經網路可供大腦因應改變。其中最有趣的，就是「錯誤偵測系統」（error detection system）。這個系統深入參與大腦的期望管理。什麼是期望管理呢？

舉例來說，想像一下，如果我給大家一瓶香奈兒五號香水，請大家聞一聞。但大家並不知道，這瓶香水裡面裝了丁酸，聞起來像是嘔吐物。大家聞到這股「嘔吐之香」時，會突然嚇一跳。大家為什麼會出現這個反應呢？因為大家的錯誤偵測系統，馬上會向大腦報告，期待與現實有落差。大腦偵測到這是丁酸時，整個模式匹配系統就會升至一級戰備。這個活化、啟動的紅色警報，造成我們不舒服，所以改變可能才會這麼困難。要在野外存活，這個警報不可或缺。但要因應公司環境的改變，可能就不見得了。

要等多久呢？

我們觀察到大腦節能的需求並做出反應，都是因為大腦想要節省更多能源。根據估計，日常活動有 43％ 是以自動巡航模式進行。我們想要改變時，自然會先問：大腦判定改變符合最佳利益時，要多久時間才能形成新的習慣？

不幸的是，我們不知道。

許多年來，這個神奇數字是 21 天。提出這個數字的，是 1950 年代的整形外科醫師馬爾茲（Max Maltz）。他想要知道，病人要多久才能夠習慣手術填充後的身體。馬爾茲觀察到，要 21 天。他寫了一本書討論這點，書名就叫做《第一本改造生命的自我形象整容術》（Psycho-Cybernetics），最終賣出三千萬冊。很快的，21 天成為通用標準，把不習慣做的事變成習慣，就需要這麼長的時間。

然而，不是所有人都相信，改變根深蒂固的習慣只需要短短三週。多年後，歐洲的研究人員針對這個問題進行嚴謹的研究，引入新的個人日常例行公事，完全跟拉皮無關。受試者被隨機分配，要求建立起新的習慣，然後研究人員觀察需要花多久的時間，才會變成反射動作。這個數字波動極大，就像是經濟衰退時的股市一樣。有些人花了 18 天就定型，也有人花了 254 天。

要多久才能建立新習慣呢？答案很簡單，但也很讓人灰心——雖說每個人的狀況不同，現在的標準大約是 2 ～ 3 個月。而且，不是一體適用。

這樣的差異，在要改變團體習慣時，也能觀察到。大家認為，努力戒菸是社會的一大進步，值得嘉許——至少在美國是這樣。美國疾病管制與預防中心（CDC）發現，有一個聯邦政府出資的計畫，促使兩百多萬人戒菸。

但是團體計畫並不一定會奏效。研究人員伍德（Wendy Wood）引用加州知名「每日五蔬果」計畫。這個失敗的計畫，是要鼓勵加州居民吃更多蔬果，聰明飲食。一開始，只有 11％ 的人遵循這個健康的飲食習慣。花了五年，投入數百萬美元之

後，採取這種飲食習慣的人，還是只有 11％，真讓人失望。

問題不是出在健康意識，很奇怪。計畫一開始，只有 8％的居民知道，每日攝取五蔬果很好；五年後，這個數字提升到 30％，但是健康意識提升並未改變大家的日常行為，只是讓大家覺得沒吃蔬果，會有罪惡感而已。

改變失敗的兩個錯誤觀念

為什麼有些計畫無法改變，有些卻可以呢？為什麼有些人無法改變，有些人卻可以呢？很多原因都會造成阻礙，解釋原因也很多，可以說是因為計畫方式，也可以說是因為人本身。研究人員每次想要解釋失敗的原因，有兩個錯誤觀念就會客串演出，兩者都跟參與者對於改變的期望有關。

一、改變成功的要件，是破釜沉舟

第一個期望說的是英文中最棘手的複合字：意志力（willpower）。許多研究都探討過意志力，其中最知名的，就是觀看人類抵抗誘惑的影片。影片看起來很殘忍，又非常好笑，主要觀察對象是學齡前兒童。

實驗通常是這樣的：一名孩童獨自坐在餐桌旁，桌上擺著一顆棉花糖。一位大人跟兒童談條件，問他想要馬上把棉花糖吃掉，或者等到大人回來（會離開幾分鐘）。孩童知道，要是大人回來前，還沒把棉花糖吃掉，他會再拿到一顆糖果。然後，大人就離開了，攝影機繼續錄。

殘忍的時刻到了。

有些小孩盯著軟綿綿的白色棉花糖，露出渴望的表情，旁邊沒有人在看。有些小孩把頭撇開，有一位轉過身，盯著後面的白色牆壁看：另一位靜靜坐著；有一位想要閉上眼睛，背誦數學課程的內容——但是這些策略都沒用，非常可惜。

多數孩童最後都會拿起棉花糖，摸一摸，舔一舔，然後放下去，最後又塞進嘴巴。他們無法抵抗誘惑。

這個例子就是棉花糖實驗，現在仍然很有爭議，設計者是心理學家米歇爾（Walter Mischel）。雖說其他研究人員不太能夠重現他最初的實驗結果。但看過影片後，一切一目了然：這些孩童正在努力控制某些面向的衝動，運用某些面向的意志力。有些人認為，「一天五蔬果」等計畫會失敗，是因為受試者的行為像小孩一樣，單純就是沒有紀律，沒辦法放下手上的零食，拿起胡蘿蔔來啃。

之後的研究顯示，這就是原因。繼續深入討論這點之前，我們先來看看，大家對於改變的第二個錯誤觀念。

二、有耐心的話，就能夠改變

網站載入速度不夠快，忍住沒把電腦摔爛的人——應該也就是多數人（多數人只要遇到載入超過三秒鐘的網站，就會關掉網頁），都很熟悉這點。人想要馬上滿足慾望，但發現結果得多等幾秒鐘，就開始焦慮，耐心能夠消弭這樣的焦慮。這點很重要，小事件長期累積，就會把我們推向無論大小的重要改變。

文字處理機用得比較久之後，我就感受到好處了。我習慣剪下、貼上整段文字後，發現完全不需要用橡皮擦了，這輩子

都不需要了，我非常開心。我最後發現，可以儲存許多版本，然後同時兩相比較，看看哪個版本比較好，我又更開心了。我開始把紙筆換成鍵盤和像素，只花了六個月的時間，累積一點一滴的成功，最後看到了改變的好處。要是我覺得，使用文字處理機前一定要立刻感覺很自在，那麼大概一輩子沒辦法習慣了。

　　大家都認同滴水穿石，那麼以下的建議應該也很好懂：大家都需要時間，改變才會發揮神效。大家都需要緩下腳步，耐心度過這個過程。

　　這個建議很好，但是還不夠，讓人沮喪的例子再次出現了。每日五蔬果的計畫持續多年，絲毫沒有改變大家的行為。而且，並不是所有的積累，都會產生正面的結果。時間不一定是良藥，離婚就是一個例子，讓人難受。婚姻很少因為突如其來的關係而心臟病發，多數都是失血致死，通常一開始是微乎其微的傷口，經年累月之後，成為情緒創傷。

　　過勞導致離職的機制也是一樣。有人突然辭職，通常都是因為「微壓力源」（microstressors）累積所致，提出這種壓力源的人是薩波斯基。顧名思義，個別的微壓力源看似沒什麼大不了，但加總起來，長久下來，產生的壓力會導致人突然辭職。這些討人厭的小事，隨著時間流逝，感覺就像是刑具一樣。

　　顯然，我們不只需要時間，才能夠做出正向的改變，那麼我們需要什麼呢？如果要的不只是耐心，不只是意志力（保證等一下會跟各位解釋），要怎麼做，才能維持正向、長期的改變呢？

　　大家不相信也沒關係，這個關鍵說起來有點丟臉，就是「便

利」。

阻力

好幾年來，我都很喜歡聽《隱藏的大腦》（*Hidden Brain*）節目，現在也有推出播客，由獲獎記者韋丹坦（Shankar Vedantam）主持。其中有一集就是講這個章節的主題──建立習慣。

韋丹坦製作播客節目的地方，在西雅圖的一棟建築裡，這個地方我很熟，就是布利特中心（the Bullitt Center）。這棟建築物是六層樓高的辦公室，座落在山坡上，高樓層能夠俯瞰西雅圖鬧區、還有遠方的普吉特海灣。布利特中心體現出各種良好的設計概念，據說是世界上最綠的商業建築。

韋丹坦在這裡製作播客節目，讓人大吃一驚。訪客到了接待區，心裡會受到很大的衝擊，因為馬上看到貫穿六層樓的樓梯，材質是道氏帝杉，各樓層間的平台又寬又廣。沿路爬上樓梯，城市與海港風光就會慢慢在眼前展開。走入建築物後，大家不會想搭電梯前往目的地，而是會想走上樓樓梯。

大家都這樣。在頂樓開會的人，有三分之二的人會爬樓梯，這座樓梯真可謂是「無法抵擋的樓梯」。

如此的設計並非意外。打造這座建築的建築師，把內部空間設計成方便運動的樣子。或許他們讀過文章，知道久坐辦公室，可能會影響員工健康；也或許是因為他們就像多數的西雅圖居民，喜歡健行，想要把一些運動體驗，融入建築物中。建築物裡面當然有電梯，不想或無法爬樓梯的人就可以使用。通

常大家走進好幾層樓的建築中，第一件事就是開始尋找電梯，但是走進這棟建築物後，馬上注意到的不是電梯，而是看到大家都在做有氧運動。

韋丹坦在布利特中心製作播客節目的原因，是要解釋「阻力」這個概念。提倡這個概念的人包括伍德等研究人員（節目客座）。**阻力，說的是環境的力量，能夠形塑人的習慣。**阻撓新習慣形成的環境，就是「高阻力」空間——我不會去搭電梯，找電梯反而太花力氣。允許、甚至是促進新習慣形成的環境，則為「低阻力」空間——我會爬樓梯，樓梯就在那邊，而且看起來很有吸引力，我的朋友都在那邊。以多數的經驗來看，我們可以把「阻力」這個字，用「便利」取代，最好的狀況是「既便利又開心」。之後，我會提到「開心」的角色，到時候會是全書最讓人開心的部分。

無摩擦零售

研究摩擦，可以了解到「便利」對於行為改變的影響，這個研究有許多人推崇，也有很多實證。舉例來說，如果你報名健身房會員，但住的地方離健身房約八公里左右，平均就只會一個月報到一次；但要是距離只有六公里，報到次數就會攀升，每個月超過五次。住的地方愈近，使用的機率就愈高。也就是說，阻力較低，比較能夠依從。

飲食的研究結果也相同，荒唐到令人傷心。如果能夠選健康食物（一碗蘋果），或者是不健康的食品（一碗奶油爆米花），你會選哪一種，就看哪個距離比較近。如果增肥爆米花比健康

蘋果容易取得，大家就會選滿滿的熱量（有一個實驗顯示，約150大卡）；但要是蘋果比爆米花容易拿到，大家就會吃蘋果（同樣的實驗顯示，是50大卡）。這些案例中的阻力，跟取得的便利程度有關，就像是布利特大樓中的樓梯一樣。

我們突然有可能解釋和提出解決方案了，搞不好能夠重振「每日五蔬果」計畫。設計這個計畫的人，如果能把蔬果攤擺在消費者容易到達的地方，應該會比較成功。比如，街角平日擺著水果餐車，週六晚上擺在酒吧的出入口，週日早上就放在教堂大門前。

零售商很在意阻力，證據到處都是，只要知道門路，就觀察得到。像是雜貨店會儘量把這期促銷的產品，放在消費者的眼前。單單因為觸手可及，不用墊高腳尖，不用蹲太低，就很容易放入推車，大家就比較可能會購買這些商品。

線上環境的例子應該很好懂。Uber、Airbnb、火箭房貸（Rocket Mortgage，口號為「按一鍵，拿房貸」）所打造的環境，都是儘量讓消費者不費吹灰之力，就能夠購買產品或服務。我最喜歡的範例還是亞馬遜，這家公司真的是傳奇，把無阻力零售推升到藝術的境界。我最喜歡的「好用」範例是什麼呢？「立即購買」或「一鍵下單」按鍵。

大家大概也聽過，亞馬遜快要掌控全世界了。

阻力範例和種類

幸好有許多運用低阻力的策略，不必稱霸世界，還是能夠促進行為改變，形塑習慣。

把既有行為當成基礎，打造新的行為，就是一個例子。許多人會運用睡前要做的事情，養成新習慣。以前，我有時候會忘記設好保全系統，就跑去睡覺；我後來習慣刷牙時，把保全遙控器帶進浴室，要拿牙膏時，我就會看到遙控器，馬上設好保全。日復一日，新的行為就會因為早就建立的刷牙習慣，而受到觸發。**研究人員把這個行為序列稱為「堆疊」（stacking）。**

另外一個專有名詞，叫做「調換」（swapping）。這個策略是利用一些既有習慣調整行為，不必新增習慣。有一個我認識的人，就運用調換養成比較健康的生活習慣。她想要瘦身，降低咖啡因攝取量。既然她天天都會到星巴克報到，就決定點個不同的東西，不點全脂三倍特濃拿鐵，改點半咖啡因美式不加奶油。一箭雙鵰，以既有的習慣為基礎。

夠聰明的話，兩個策略還可搭配併用。伍茲是一名科學家，曾接受《隱藏的大腦》採訪，她提供一個例子兼顧兩者，非常棒。她想要提升規律運動的機率，所以決定起床第一件事情就是去跑步，把運動變成平常早上會做的事，這就是經典的堆疊行為。但她也運用調換策略。在這個例子中，她改變了睡衣，她把運動服當成睡衣，不穿原本的睡衣。這樣一來起床的時候，幾乎沒有阻力，馬上可以套上運動鞋去跑步。

這些策略都能有效建立新的行為，最適合用於建立常規。但還是要說些不好的消息，這些策略不一定人人適用，不管萬事起頭多容易，都沒有用。有些人就是受不了新的常規，有些人堆疊太多行為；要建立新習慣，予以維持，又是個問題。

研究人員備好解決方案了。大家可以提升降低阻力的機率，改變行為，但前提是要先了解一下神經學。接下來我們就會探

討，而且有些聽起來會很熟悉。

多巴胺的愉悅

前幾個章節，我說過會詳細探討愉快的角色，以及如何促進行為改變。我很開心能夠回來繼續討論多巴胺，也就是世界上最開心的神經傳導物質。

多巴胺由腦部深處特定的網路迴路製造，這些網路合起來是一個多巴胺系統，但應該說是複合系統比較恰當，因為當中有至少四個多巴胺子系統，各個都很有才華，負責調控許多功能，包括運動、獎勵、開心等。另外，這些系統在新習慣建立的初期，都扮演關鍵的角色，其中最重要的網路位於中腦邊緣系統。新的行為要成為生活的一部分，一定要有這些獎勵系統。

而且，並不是隨便一種獎勵都有用。多巴胺棒棒糖要有三個要素，才能夠有效促進行為改變。我們無法養成習慣，其中一個原因就是忽視這些獎勵。要把這些快樂系統想像成校準的時鐘，就需要滿足特定條件，才能夠正常運作。

要素一：獎勵一定要馬上給予

執行完不習慣的行為，馬上就要給自己獎勵，真的是「馬上」喔。只要慢了一分鐘，就可能無法得到多巴胺的重要助攻。為什麼必須那麼即時？這要說到一個已知的事實，也就是大腦「學習」時必須要建立新的神經連結。這些連結剛建立時，都非常脆弱。我們發現，多巴胺能夠提供強力膠，鞏固這些連結。然而，要趕快使用，不然連結就會崩解，真的就是這麼脆弱。

你不能說：「我現在做，回家再給自己獎勵。」然後，期待新的行為能夠變成習慣。大腦需要立即得到獎勵，就像是兩歲小孩一樣。

下個要素大概是三者之中最殘酷的，人類也研究得最透澈。主要是因為有些人利用這個賺了很多錢。

要素二：獎勵不能固定

獎勵是否能夠預測，會決定新的行為能不能在腦中生根。有兩件事必須無法預測：頻率和品質。

頻率，說的是給予獎勵的時程。雖說一分鐘法則無懈可擊，但研究還是顯示，這個一分鐘法則，最好還是不定期運用，而不是依照穩定、可預期的時程走。大家不應該每次把事情做對，就能得到獎勵（但剛開始改變行為時，頻率可以比較高，就像是剛換盆的植物要澆多一點水一樣）。

獎勵的品質也不應該保持不變。要維持改變，獎勵是最有效的方法，但前提是獎品價值無法被預期。獎勵如果比預期來得好，或是跟期望不同，效果比品質維持一致還要好。原來，大腦喜歡意外驚喜，就跟大家一樣。品質變化能夠加強習慣的「黏著度」。

只要看看附近的賭場，就可以看到這些多巴胺法則的效果。設計吃角子老虎機的人很久以前就知道，給予的獎勵要無法預測。他們知道，如果玩家隨機得到獎勵，而且每次金額和頻率都不同，投硬幣的習慣就可以維持更久。最好的頻率是什麼呢？把贏錢的機率維持在 50％上下。

第三個要素，也是最後一個，是外在和內在獎勵的差別。

這絕對需要解釋一下。

要素三：外在獎勵相較於內在獎勵，塑造行為的效果較差

外在獎勵的定義是，觸發經歷以外的獎勵，就算是由經歷刺激產生的，也還是外在獎勵。舉例來說，我在大熱天除草，賞給自己一瓶冰啤酒，當作是獎勵。除草機和冰涼帶勁的啤酒之間，並沒有什麼關係。啤酒是獎勵，就只是因為天氣熱時，我喜歡喝冰啤酒。

內在獎勵則相反，而且更能夠驅動改變，非常有趣。我在《0～5歲寶寶大腦活力手冊》這本書中有提到，我第一次玩《迷霧之島》（Myst）這個電玩的時候所感受到的內在獎勵。這個老舊的冒險遊戲，要玩家解決圖片裡的謎題，裡面的故事則則引人入勝，還有非常棒的畫面，我深深為之著迷。我是完美的《迷霧之島》玩家，因為我花在這個沉靜式環境中的時間愈多，感受到的獎勵就愈強烈，但獎勵不是錢，不是名聲，或任何能拿出來講的東西。我的獎勵只是遊戲裡之前沒看過的東西，也就是更漂亮的畫面。

我愈來愈喜歡這個遊戲，就只是因為我想要看到新的視覺獎勵而已。

這就是內在獎勵絕佳的例子。這種類型的獎勵，與事件本身關係密切，是因為我花了心血才出現的，完全源自於我投入這項體驗的心力。雖說多數人通常賞給自己的，都包括內在和外在獎勵，但這兩種獎勵建立新習慣的效果，卻完全不相等。之前提到，直接與動作結果連結的獎勵（想想看，自己協助他人後感受到的滿足），相較於外在獎勵，更能夠影響行為。結

果，《迷霧之島》比冰涼的啤酒還有用。

與意志力無關

我之前提到，有一個錯誤觀念說的是意志力形塑習慣的機制。我當時答應大家，之後要詳細解釋，現在我可以來探討了。

多年以來，我們都以為，能用新習慣取代另一個舊習慣，關鍵就是意志力。像是我們相信，減肥五年內又復胖的人，有85％就是太軟弱，沒辦法對誘惑說「不」。

深入研究指出，這個說法根本是誤解，至少不是故事的全貌。回到起點，有些研究結論是：**逐漸恢復原本的行為，原因不是軟弱，而是疲乏**。所謂的自我損耗，就是大家早上起床時，意志力滿點，就像灌滿的瓦斯桶一樣；等到抵擋衝動的能量表歸零時，代表當天大概已經抵禦過多的誘惑，意志力已經被耗盡。

這個想法很好，而且絕對有強力的證據支持。然而，還沒有完全解釋我們對於這個議題的理解。

德國有一項大規模實驗，評估大家的自我控制程度，他們使用的工具是衡量執行功能的黃金準則。研究進行時，研究人員使用當時非常精密的紀錄系統（類似於嗶嗶聲和呼叫器的技術）。受試者記下當天想要向壞習慣投降的次數，以及積極抵擋誘惑的頻率。

實驗的假說是，得分高的人，不會太常投降，不管他們面臨哪些誘惑，都能夠堅忍不拔。然而，研究結果卻不是這麼一回事。結果發現，得分高的人，抵擋誘惑的能力也沒優於得分

低的人。得分高的人，就只是一天內沒遇到那麼多誘惑。他們打造的生活環境，不太常會出現誘惑。

這個結論可能會在大家腦中留下深刻的印象。資料指出，**他們生活的環境，本來就會積極抵抗誘惑**。這類的人不需要時常使用意志力的庫存，就能夠長期維持良好體重，是因為他們知道要把垃圾食物驅之別院。聽起來，是不是跟阻力有關呢？或許也跟自我損耗有關。環境變化是不是屬於背景因素呢？大家把環境打造成滿是阻力，就可以輕鬆避免壞習慣；同樣的，大家可以打造無阻力環境，塑造好習慣。看起來，避免誘惑就跟抵擋誘惑一樣重要。

不過，意志力真的無足輕重嗎？畢竟能夠維持體重的人，上網點一點，就又有披薩可以吃，跟普通人沒什麼兩樣。進一步的研究顯示，意志力確實也有影響，但前提是要用對方式。意志力對於達成短期、速效的目標來說很有幫助，但卻對長期目標來說沒什麼幫助。要長期維持成功，仍然要改造環境，打造良好的生活方式，讓誘惑難以出現，如此才有足夠的自我控制能力；真的碰上誘惑時，就能夠抵擋。

所以，如果大家以為自己或他人永遠無法改變，是因為意志力不夠，這個想法其實是迷思了。這遠比只是說「不」要複雜得多。要是誘惑顯而易見，仗還沒打就會輸了。

下週一就學會改變

這個章節一開始稍微談了一下《邁克和他的蒸氣鏟》。大家應該還記得，邁克和年邁的瑪莉號忘記蓋斜坡，所以被困在

新鎮公所的地下室中，瑪莉號出不來。

　　我當時沒跟各位說這個故事的結局。結果，有一位在工地旁邊觀看的聰明男孩，想到了一個解決辦法：如果邁克願意把蒸氣鏟就地變成鍋爐，那麼問題便可以解決了。他們可以把鎮公所蓋在改頭換面的機器上，邁克還可以當管理員！

　　要完美解釋這個男孩的建議，那就是：**順應改變，又能夠帶來好處**。這個章節多數提到的事情，都是為了要讓適應新環境變得更容易。

　　現在該談一些務實的建議，大家要謹記三點：

一、記得阻力的力量

　　要改變，就要精心設計生活方式。提高環境阻力，有助於改掉壞習慣；降低環境阻力，有助於養成好習慣。記得，如果爆米花很難取得，大家就比較不會吃；要提高早上跑步的機率，就穿著運動服去睡覺。

二、記得獎勵的力量

　　要適應改變，就要給自己一些小獎勵。首先，建立獎勵清單，條件是：① 會讓你開心；② 能夠快速得到。開始改變行為後，馬上給自己一點小獎勵，之後再慢慢把時程調成不規律的樣子。可以的話，提供的獎勵要與想建立的習慣有關。

三、了解意志力的極限

　　在改變初期，努力克制自己會有用，但是長期維持改變，效果就有限了。大家應該要把「意志力能夠克服所有惱人的事

物」這個想法，當成是一種迷思，把句子改成「意志力一開始能夠克服所有惱人的事物」。

實踐這些想法，是形塑改變的最佳方式，不論改變大小，通通適用。說不定，大家最後能像是邁克和他心愛的蒸氣挖土機一樣。巴頓最後在書裡寫道：

現在大家到了砰砰鎮，一定要造訪新鎮公所的地下室，拜訪邁克和瑪莉號。邁克坐在搖椅裡，抽著菸斗，瑪莉號就在旁邊，替新的鎮公所帶來溫暖。

- **大腦要多久時間才能判定「改變」符合最佳利益，形成新的習慣？**

  現在的標準大約是 2～3 個月。但並非一體適用。

- **如何成功建立新習慣？**

  1. 給自己一點獎勵。

  2. 提升環境阻力（變得不方便），能夠幫助自己戒掉壞習慣；降低環境阻力（變得方便），能夠幫助自己建立好習慣。

- **善用獎勵去做改變，謹記三要點：**

  1. 獎勵一定要馬上給予。

  2. 獎勵不能固定。

  3. 比起內在獎勵，外在獎勵塑造新行為的效果比較差。

- 比起意志力，建立一個容易實踐新習慣的環境，更容易改變成功。

結語

　　這本書的一開始做了一個實驗，請大家想想看：設計工作環境時，如何考量到大腦的需求。大腦遇到這些工作環境，會怎麼反應？實驗來到了尾聲。

　　我說過，手套有五根手指，是因為我們有五根手指，還記得嗎？不管是要因應權力或提升創造力，或者要因應壓力，抑或是要大家專心聽簡報。有考量人因工程的公司，依照大腦認知功能打造工作環境，表現都會很好。希望大家可以運用本書的建議，依照大腦的天性，打造出適合自己的工作環境。

　　如果記不住這些細節，也沒關係。多數的建議說到底，都脫離不了一個概念——避免過度以自我為中心。要打造有效的團隊，就不能有人完全主導對話。不在注意力中心時，不要打斷別人說話。要有效領導團隊，做決策時，就要發揮同理心；也就是說，時時考量他人的感受。要管理衝突，就必須從爭論抽離，如此才能夠成為客觀第三人，成為攝影師，從旁去觀察衝突，而非深陷其中。學界對於這個平等的作法取了個名字，叫做「社會去中心化」（social decentering）。要重新打造工作場所，最重要的是，記得雙親教過你的做人基本原則，「要多想想別人，不要一直想著自己」。

來當我的鄰居好嗎？

　　大家應該有猜到，羅傑斯是我心目中的英雄。最後，我要

跟大家分享他最後一個故事。1997年艾美獎頒獎典禮上，羅傑斯獲頒終身成就獎。當晚如果他表現得很自戀，大家應該也不會在意。然而，他的得獎感言卻不以自己為中心。演講不到三分鐘，就贏得數百名資深主管、電視明星、過勞製作團隊的熱淚。

演員提姆・羅賓斯（Tim Robbins）先引言介紹羅傑斯，羅傑斯向他點了點頭，說：「今晚，這個地方真美。多虧了許多人，我今晚才能站在這邊。有些人今晚在座，有些人則在很遠的地方，有些人甚至在天堂。我們每個人身邊都有特別的人，他們用愛塑造了我們。」原本熱烈歡呼的觀眾，突然之間安靜下來。

他懇請大家：「能不能跟著我，花十秒鐘，想一想幫助我們走到今天的人？想一想在乎你的人，希望你過得好的人。我們就十秒鐘不要說話？我會幫大家計時。」他伸出手，看著手錶，默數到十。攝影機在這十秒鐘，捕捉到大家安靜下來的原因——每個人都淚眼婆娑。有些人低下頭，若有所思；有些人好像想起痛苦的經歷。大家在這十秒鐘內，都騰出大腦的空間，想著其他人，而不是自己。十秒鐘到了，羅傑斯的結語是：

不管你想到的是誰，要是他們知道，自己改變了各位的人生，一定會很開心。我要特別感謝家人、朋友、廣播業的同事……感謝大家鼓勵我，這麼多年來，讓我當鄰居。願主祝福大家。

觀眾席響起一片掌聲和歡呼時，有些人還在匆忙的找手

帕。這個神奇的短短十秒鐘，說的就是本書的主旨。到了尾聲，大家有機會的話，不妨試試看羅傑斯的感恩方法，然後上網去聽聽他的演講。這是最後我推薦大家下週一就要做的事。相信我，這會是一天當中最棒的一件事。

國家圖書館出版品預行編目（CIP）資料

大腦喜歡這樣工作：順著大腦的習性，提升工作效率，
從此和憂鬱星期一說 BYE BYE～／約翰.麥迪納（John J.
Medina）著；賴孟宗譯. -- 初版. -- 臺北市：樂金文化出
版：方言文化出版事業有限公司發行，2023.7
288 面；14.8×21 公分
譯自：Brain rules for work
ISBN 978-626-7321-21-8（平裝）

1.CST：職場成功法　2.CST：工作效率　3.CST：腦部

494.35　　　　　　　　　　　　　　　112010847

大腦喜歡這樣工作
順著大腦的習性，提升工作效率，從此和憂鬱星期一說 BYE BYE ～
Brain rules for work

作　　者　　約翰‧麥迪納（John J. Medina）
譯　　者　　賴孟宗
編　　輯　　楊伊琳
編輯協力　　林映華、施宏儒
發 行 人　　鄭明禮
總 編 輯　　陳雅如
企 劃 部　　徐緯程、林羿君
版權專員　　劉子瑜
業 務 部　　葉兆軒、陳世偉、林姿穎、胡瑜芳
管 理 部　　蘇心怡、莊惠淳、陳姿仔
封面設計　　職日設計
內頁設計　　顏麟驊
法律顧問　　証揚國際法律事務所 朱柏璁律師
出版製作　　樂金文化
發　　行　　方言文化出版事業有限公司
劃撥帳號　　50041064
通訊地址　　10046 台北市中正區武昌街一段 1-2 號 9 樓
電　　話　　(02)2370-2798
傳　　真　　(02)2370-2766
印　　刷　　緯峰印刷股份有限公司
定　　價　　新台幣 480 元，港幣定價 160 元
初版一刷　　2023 年 7 月 26 日
I S B N　　978-626-7321-21-8

BRAIN RULES FOR WORK
by John Medina
Copyright © 2021 by John J. Medina
Published by arrangement with Pear Press c/o Nordlyset Literary Agency
through Bardon-Chinese Media Agency
Complex Chinese translation copyright © 2023
by Babel Publishing Group
ALL RIGHTS RESERVED

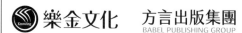